纸梦缘如是

刘仁庆 著

知识产权出版社
全国百佳图书出版单位

图书在版编目（CIP）数据

纸梦缘如是／刘仁庆著.—北京：知识产权出版社，2017.9

ISBN 978-7-5130-5055-5

Ⅰ.①纸… Ⅱ.①刘… Ⅲ.①造纸—文集 Ⅳ.①TS75-53

中国版本图书馆CIP数据核字（2017）第186127号

内容提要

本书作者以一个造纸科技工作者的身份，介绍自己学习、研究“造纸学”的经历，包括60余年的工作心得、体会和感悟。全书分为：我学造纸、我爱读书、我喜画画、我攒资料、我上讲台、我做研究、我写文章、我搞收藏、我看书单、我作检讨、我当编辑、我取笔名、我坐书斋、我很平常、我与宣纸共十五个部分。此外，还有三个附录及一篇跋文。

本书的读者对象：造纸及相关专业（印刷、包装、商务等）院校的师生，企业的年轻职工，旅游部门的人员等。

责任编辑：许　波　　　　**责任出版**：刘译文

纸梦缘如是

ZHIMENG YUANRUSHI

刘仁庆　著

出版发行：	知识产权出版社有限责任公司	网　　址：	http://www.ipph.cn / http://www.laichushu.cn
社　　址：	北京市海淀区气象路50号院	邮　　编：	100081
责编电话：	010-82000860 转 8380	责编邮箱：	xbsun@163.com
发行电话：	010-82000860 转 8101	发行传真：	010-82000893/82003279
印　　刷：	北京科信印刷有限公司	经　　销：	各大网上书店、新华书店及相关专业书店
开　　本：	700mm×1000mm　1/16	印　　张：	19.5
版　　次：	2017年9月第1版	印　　次：	2017年9月第1次印刷
字　　数：	235千字	定　　价：	80.00元

ISBN 978-7-5130-5055-5

自 序

开门见山，不打弯弯。一般“出书者”（作者、编者）往往都想请出一两位学术权威或社会名流为自己的书写一篇序言什么的，无非是赞美几句，以示推荐介绍。老汉我今年已经八十岁了，不想这么干。而是“反其道而行之”，自说自话，写下这篇“文不对题”的序言。

时光回转，早在1936年的某一天傍晚，在湖北省武汉市（旧称武汉三镇，即武昌区、汉口市和汉阳县）一个名叫“老马号巷”15号的民房里，一个小小的男婴出生了。武汉人把一条曲里拐弯、挤在一起的各种大小房屋群体称为“巷子”，它既不像北京的“胡同”，也不似上海的“里弄”。而是由几条宽窄不同的“走道”交叉组合而成的。这些走道，有的通大街，有的通小巷，更有的“此路不通”。我的二姐曾告诉我说，因为这个巷子原本是明朝某官员的“马厩”（养马的地方），所以才有老马号巷这个地名，经过了几百年的风吹雨打。我离开那里多年之后，听说老马号巷早已荡然无存，平地上盖起了多处楼房，又更换了新地名叫崇福山街。于是，便切断了我对“老家”的乡愁与情思，这是令人遗憾的。

有位会测字的老尼姑（下文再讲她）曾给这个新生的小孩“算命”时说，他的命很平常，不好也不坏，七扭加八拐，好似这个巷子一样，“运气”多舛，有惊无险。小孩自幼丧父，全靠母亲抚养长大。在旧社会，一个中年妇女要养活三个孩子（我和两个姐姐），是多么地不容易，真的可谓“忍辱负重、含辛茹苦”。可是，她从不把自已的遭遇告诉别人，永远埋藏在心里。

我记得小时候，家境贫寒，时有断炊。我最喜欢吃的是“酱油拌米饭”。每当中午放学回家盛上一碗热气腾腾的粳米饭，倒些少许酱油、搅和拌匀，吃得津津有味。有时候（如冬季或初春），偶尔我的大姐给我碗里外加一筷子已经凝固、白亮亮的猪油，那真的就是上等的“美食”了。由此可知，我家生活之困苦到了多么可怜的地步。这样一来，也逐步养成了我以后没有什么特殊的嗜好，不抽烟、不饮酒、不赌博等，还具有了吃苦耐劳、克服困难、奋斗不止等良好品格。

我母亲是一名小学老师，学历不高，文化水平一般，但她的教学方法与别人有些许不同。我家里藏书甚少。记得最清楚的是，有一部（好多本）曹雪芹写的《石头记》（后易名《红楼梦》），它是线装本（好像还不成套，有的被人借去未还），早已散佚。另有一册 1932 年商务版的《辞源》（残破不全，不知被谁撕的），由我保存下来。小时候我好奇，偶尔也拿一本《石头记》瞧瞧，可是看不懂，随便翻几下，就放下了。后来才明白这是部“奇书”，是红学的经典之作。至于各种辞典、字典之类，因为这些文化性或专业性的工具书都是很有用的， 我长大以后，只要见到，必定购买收藏，以备查用。

我母亲教我的第一课是认字，她把“人、手、口、刀、尺”“金、木、水、火、土”写在小纸片上，让我一个一个地认并记下。然后把纸撕掉，再叫我写出来。如果不会，再次重复，直到学会为止。学其他的字，也如法炮制。听说在学校里她也是这么教小学生的。同时，我母亲或用猜谜语、背顺口溜的方法，教小孩子认字。比如，“一点一横长，一撇向左方，里边两棵树，站在石头上。”这就是“磨”

字，一下子记住了。又如，对年级高、大一点的学生，则教“兴字头，学字腰，林字底下大火烧” 这就是 “爨（cuan，音篡）” 字，作为姓（班级里正巧有个学生姓爨，许多人不认识也写不了）或做灶字解，有分家之意。记住这句口诀，字就会写了。

我母亲说：一个人要有文化，必须读书。认字是读书的基础，只有把字认对了、认多了，会写会用了，读书才会好起来。至于“作文”（老话，即写文章）是长大以后的事，也只有多多读书，才能写好作文。如今过去几十个年头了，这个至理之言仍牢记在我心。直到现在，每当我遇到一个生僻字时，就会马上去查字典或辞典，并且用纸笔立即记下备忘，这是早已养成了的习惯。

我母亲作为一名传统的中国女性，脑子里也残留有一些封建意识，比如重男轻女、相信“八字”、崇拜佛教等。虽然她为了生活成天忙不守舍，却经常抽时间去尼姑庵里做“佛事”。其中有一位年长的老尼姑（就是上文提到的），跟我母亲的关系很好。我们喊她“李太婆”。据说，这位慈眉善目的老人家，“修行”极高。会诵经、会算命、会种果树，会炒素菜等。“不得了啦，了不得啦”周围认识她的人都这么说。

我母亲接受李太婆的建议，为了“菩萨”保佑，每年“过大年”（即春节）全家人必须要吃“年斋”——至少三天，最多五天吃素不沾荤。也就是在那几天进餐只许吃萝卜青菜，不能吃鸡鸭鱼肉。于是我母亲竟学会了做“十样菜”。所以我家每年这个时候，大人小孩几乎从未闹过病，岁岁平安。

我小时候印象最深的一件事是：晚上“怕鬼”，一遇天色黑咕隆咚地就不敢出门，还时不时地要哭要闹。我母亲请教李太婆，她抿嘴微笑了一下。后来，李太婆给我面授一段“经文”，她说：如果你晚上走路，心里害怕，不许想别的事，只要你暗地里、多次反复地默诵经文，你就一定不会害怕了。至今我还记得那句经文是这样念的：

急急走，
急急行。
头上顶的观世音，
五百罗汉前领路，
阿弥陀佛随后跟。

经过一段时间的体验，真的不害怕了。所以，母亲又对我说：“不怕鬼，莫信邪，心里有菩萨，一切见阳光”。长大以后，通过多年的学习，我已经成为一名无神论者。便琢磨着这哪里是什么佛学经文？从心理学上讲，这只是让你的思维对未知事物的恐惧发生转移，那么就会调整和消除你的恐惧心理，这仅仅是一副“心理安慰剂”而已。由此，我的人生便由“沉睡”转而走入“觉醒”的新阶段。

如今，每当我回过头想来想去的时候，总觉得有一个很“要紧”（武汉方言，很重要的意思）的问题，那就是：一个人的成长，尤其是孩童时期的家庭教育（即品德教育、学好做人、做事），以及身边亲友的影响是十分重要的。尽管有通过学校老师的教育、社会环境诸多因素的感染和熏陶，对一个人成长的作用不可低估。然而，归根到底——从小到大、耳闻目染、水滴石穿的家庭教育，则是更深入、更深刻、更深远的重要环节，这种“影响力”是非常巨大的，千万不要忽略小视、忘乎所以呵。

以上自为序。现在我把它当作本书之前的故事做了补充，如果您明白了它的用意，那么就请继续翻开正文往下看吧！

刘仁庆　谨白
2016 年冬于北京

目　录

CONTENTS

一

我学造纸

不受欢迎的专业

前些日子，在新浪网上看到一篇有关高等院校专业介绍的评论，说中国大学里有“十大恐怖专业”——其中名列第五位的就是造纸。文章写道：“学了这个专业之后，就意味着你已经远离了城市的繁华和安静的都市生活……造纸厂的车间里，一年四季都是高温、异味大、污染严重。长时间在造纸厂里的人，听力和神经都受到了极大的伤害。长时间在里面工作的人，都适应了三班倒的生活，精神状态已经接近麻木。虽然造纸的利润大，但仅仅是老板的。造纸员工的工资低，是很多人都知道的。所以，大多数人在报高考志愿时，都不愿意去学它”。

看完了这段文字，我凝眸沉思，由此而联想起自己学造纸专业的经历与感悟，以及社会上对造纸工业的许多误解，如鲠在喉，不吐不快。曾几何时，有人考上大学，被老师、同学问起考取什么专业时，却羞于启齿、不愿说出自己被录取的是造纸（工程）专业。因为有很多人觉得造纸环境差、没啥新技术，根本不需要上大学学习。还有相当多的家长认为，造纸专业既比不上电脑软件开发、冶金工程设计等专业高级，造纸厂又小又破，生产薄薄的纸张不值几文钱，学它干啥？

多年以前，北京市有一份社会调查资料表明：不少人认为最好的纸是钞票纸；最差的纸是卫生纸，其他的纸种分不清楚。因为那时这个大城市正在“闹纸荒”，几天内卫生纸脱销，市民反映强烈：“上厕所怎么办？”连当年的C市长都亲自过问此事，从周边地区（如河北的保定、张家口等地）紧急调入质量极差的卫生纸以解“燃眉”之急。这桩事留给人的记忆是“差之又差”的。再加上中华人民共和国成立前的造纸业比较落后，中华人民共和国成立后受“一边倒”的影响，社会媒体对造纸业的宣传内容既不贴切，宣传力度也很不够。从而把造纸工业严重地歪曲、矮化和丑化了。因此，使得人们对造纸产生了“大大的误会”。在一般人眼中的造纸，如若不是停留在几百年前明朝《天工开物》书上描写的那个样子（图1-1）：手执竹帘的一个工匠孤单站立在纸槽旁捞纸，那么就是一些小型造纸厂里遍地污水横流，备料工段灰尘满布，蒸煮车间臭气熏天，抄纸厂房机声隆隆，给人留下了“脏乱黑差臭”的坏印象。面对上述种种不雅之事，我们这些干造纸的人，看到了吗？想到了吗？难过了吗？尽职尽责了吗？

图1-1 《天工开物》中的捞纸图

造纸专业、造纸工业的社会形象不好，原因是多方面的。不久前，北京公开出版了一本书，书名是《中国工业化报告（2009）》，书中按“产业政策”居然把造纸工业列为“低技术工业”，那么造纸专业必定是“低级专业”了。且不论硬性地把社会行业划分为高（级）、中高、中低、低技术等 4 个档次——这是由谁新近提出的，还是从外国佐借、洋气冲冲的“高论”！仅从社会意识、社会平等、社会公平的原则来说，这种提法本身就失之偏颇，不利于科技人才的培养教育，不利于生产行业的顺利发展，也不利于建立崭新的和谐社会。任何行业或者专业都有一个发展过程，不是一成不变的，会逐步提高水平的（当然也有向下衰落的可能）。若从思想方法上讲，更是有悖于历史唯物主义、辩证唯物主义的。这个问题我们暂不作更多的深入探讨，就此打住。暂且先不讨论我国已有 2000 年历史之久的中国造纸术，退一步讲，难道现代化大型造纸厂的情形真的还是那么“惨”吗？否！机器造纸从发明、发展到今天，已经过去 200 多年了。我国造纸工业的面貌，早已焕然一新。

虽说在 1978 年改革开放以前，由于历次各种各样的“折腾”，我国造纸工业总体状况不能令人满意。然而，现在则是“士隔三日，刮目相看”，已经大大地改观了。不信，请看以下对比数据：过去对大型造纸厂划线的年产量是 3 万吨，现在大型造纸厂的年产量已经达到 800 万吨，连翻了 260 多倍，相当惊人；制浆的碱回收率，过去一般纸厂不足 50%，问题很大，如今则已分别达到（木浆）95%、（非木浆）75% 以上，成绩可观；造纸机的运转速度，过去的长网机抄速为 400 米 / 分左右，圆网机在 150 米 / 分以下。现在的长网机一般平均车速是 600 米 / 分，有的机台甚至提高到了 1200 米 / 分，快慢完全不能比，太厉害了（图 1-2）。目前，就以纸的年产量来说，我国已经超过世界上的任何其他国家（包括美国在内），名列全球之首。

应当承认，因为我们的历史包袱太沉重，所以我国的

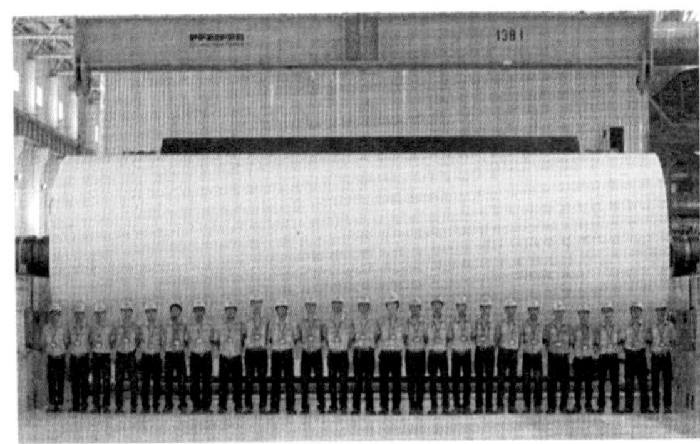

图 1-2 大型造纸机之外观 纸机前部（左），纸机尾部（右）

造纸工业还需要时间对一小部分小型造纸厂进行重组和改造。而大部分的大中型造纸厂如今已经基本上实现了流水作业、电脑控制和清洁生产。现在厂房整洁、卫生，且噪音小，机械操作规则有序，工厂环境低碳宜人，已完全不是旧样子。现代化的造纸厂欢迎有胆略、有勇气、有魄力的青年学子们，去瞧一瞧、看一看，你们就会心明眼亮了。

造纸工业与其他工业一样，都是国民经济不可缺少的组成部分。没有纸的社会是不可想象的。行业之间用不着说大小、论贵贱、比高低，只要是尽心尽力、最大限度地为群众服务、多做贡献，都是好样的、值得称赞的。“五个指头有长短，同心协力干大事”，各个行业大家都自有其特长和本领，彼此之间仅是分工不同而已。因此，通过提高全体公民的思想、素质，看待不同的行业和专业，就不会成问题、不靠谱。由此推知，任何国家需要的行业或专业，都不是恐怖的、低级的、无所作为的。“行行出状元”，可以肯定任何行业都是很有干头、前途无量、未来光明的。

我学造纸的往事

我是 1955 年 8 月到广州才知道造纸专业这个名词的，那年我 18 岁。重提尘封多年的往事，那要从当年我收到广州华南工学院（今更名为华南理工大学）录取通知书之日说起。因为当看见通知书上写的是造“币”专业，我的母亲大为高兴，她说：这下子可好了，你以后不愁没有钞票用了。我这个刚刚从中学毕业、还未走进高等院校的“准大学生”，懵懵懂懂，傻里傻气，心里当然也随着大人的兴奋情绪而窃喜，感到很有“运气”。

谁知到了学校报到时，才知道它不是造“币”而是造“帋”专业。搞不清学校“招生办”填写通知书的哪位先生，为啥写异体的“帋”（纸）字，又连笔草书，结果使人产生大大的误会。这一闷棍子打下来，让我陷入深深的苦恼中，我不想学这个“烂专业”，甚至时不时地冒出了要打“退堂鼓”（退学）的想法。

我到了广州以后，开始语言不通，饮食不习惯，又害怕“冲凉”（洗冷水澡），经常“拉肚子”。于是便借故不上课，躺在宿舍里休息、装病。脑子里胡思乱想，一方面埋怨“武汉二中”（第二男子中学）教政治课的“郑老师”（他的名字至今我还记得），他糊弄学生让我们“捉题”，扬言你们“高考”时要“趁热打铁”，肯定要考 1954 年公布的新中国第一部宪法——谁知试卷上考的却是“社会发展史”，其后果可想而知了。另一方面又责怪自己为什么要填写“第五志愿”（第一志愿是北京，第五志愿是广州）？这下子分到了倒霉的造纸专业。我还想到中学同班的某同学被华中农学院“植物保护”专业录取了，他很不满意。当别人问及他读什么专业时，他回答是：“赶麻雀专业”。所以，我暗自思量：若有人问我的话，干脆回答学的是“大便纸专业”，这是一时冲动冒出的“一闪念”，自然不会说出口。但内心又很不服气，我只是“这一次”考试没有考好嘛，这“一考定终身”，坑苦了多少有为的青年学子呵。

图 1-3　冯秉铨（1910—1980）教授

开学了，同学们纷纷去上课。我却躺在宿舍的双架床上边“装病”，连班级辅导员老师都几次到房间慰问，耐心做我的思想工作，可惜收效甚微。日子一天天过去了。后来，却有一件事刺激了我，那就是当年华南工学院的教务长冯秉铨教授特意为入学新生做的一场报告(图1-3)。他在讲话中和蔼可亲地劝告学生，上大学不要因为没有考上自己填报的志愿或者喜欢的专业而闹情绪、影响学业。

事实上，一个专业是一行，三百六十行，行行出状元。科学本身是不分高低贵贱的，也是没有国界的。科学上没有平坦之路可走，只有那些勤奋顽强、勇于攀登的人们，才能达到高峰的顶点。冯先生还语重心长地说，要树立这样的理念，“不是专业美化人，而是人去美化专业！”就是这么短短15个字的一句话点拨了我，令我摆脱了苦恼，豁然开朗、思想提升，这句话给我的印象极其深刻、对我的一生也产生了巨大的影响。

是呀，造纸不是一个专业么？它跟其他的机电、建筑专业一样，“革命工作分工不同嘛”。诚如冯教授所言“三百六十行，行行出状元”，各有千秋呵。想当初，国家鼓励大家向苏联学习。于是，我拼命地学俄文，每天清晨起床洗漱后，跑到“湖滨路”（在华南工学院校园内的“西湖”旁边）树林里进行外语“朝读”，傍晚背着书包跑到学院图书馆“抢座位”，我似乎变成了另外一个“学人”了。

教学计划（草案）　1955年7月　[illegible]

专业：植物纤维造纸工学
学校类别：高等工业学校
培养目标：工艺工程师
修业年限：四　年

Ⅰ 学历

符号：□理论教学　⊡考试　⊙教学实习　⊠生产实习　▤毕业设计及答辩国家考试　▥假期

Ⅱ 时间分配总表（以週计）

学年	理论教学	考试	教学实习	生产实习	毕业设计及答辩国家考试	假期	共计
Ⅰ	35	7				10	52
Ⅱ	35	6		3		8	52
Ⅲ	31	6		7		8	52
Ⅳ	16	3		8	16	2	45
总计	117	22		18	16	28	201

Ⅲ 教学进程计划

顺序	课程	按学期分配：考试	考查	课程设计课程作业	学时数：共计	讲课	实验	课堂实习课堂讨论	课程设计课程作业	Ⅰ学年 1学期 18週	2学期 17週	Ⅱ学年 3学期 18週	4学期 17週	Ⅲ学年 5学期 18週	6学期 13週	Ⅳ学年 7学期 16週	8学期 週
										每週学时数							
1	2	3	4	5	6	7	8	9	10	11	12	13	14	15	16	17	18
1	中国革命史	2	1		105	78		27		3	3						
2	马克思列宁主义基础	4	3		140	102		38				4	4				
3	政治经济学	6	5		137	102		35						4	5		
4	俄文	3	1.2		142			142		4	2	2					
5	体育		1.2.3.4		140			140		2	2	2	2				
6	高等数学	1.2			280	140		140		8	8						
7	物理学	1.2	1.2.3		176	105	35	36		4	4	2					
8	无机化学	1.2	1.2		175	88	87			5	5						
9	分析化学		3.4		210	36	174					6	6				
10	有机化学	3.4	3.4		210	90	120					6	6				
11	物理化学及胶体化学	4.5	5.6		210	120	66	24					4	5	4		
12	画法几何及制图	1	1.2		177	36		141		7	3						
13	理论力学	2			85	51		34			5						
14	材料力学	3	3		90	45	18	27				5					
15	机械零件（包括机械原理）	4		4	102	68		16	18				6				
16	普通化学工艺学		5		54	54								3			
17	工程热力学热工学	3	3		126	80	30	16				7					
18	电工学	6	5.6		106	56	36	14						3	4		
19	化学工业过程及设备	5	4.5	6	202	100	54	26	22				4	6	2		
20	控制计量仪器		7		32	32										2	
21	纤维素及木材化学	5.6	5.6		168	76	92							5	6		
22	纤维造纸工学	5.6	5.6	7	206	108	60	14	24					3	8	3	
23	纤维造纸工厂装备	7			48	48										3	
24	建筑概论	7			32	32										2	
25	企业经济组织及计划	7			80	64		16								5	
26	保安及防火技术	7			32	32										2	
27	专门化课程	7			112	56	56									7	
	Ⅰ 纤维造纸工学																
	Ⅱ 纸及纸板加工学																
	Ⅲ 木纤维板[illegible]及纸板工学																
	总学时数				3577	1799	828	886	64	33	32	34	32	29	29	24	
数目	课程设计及课程作业			3									1		1	1	
	考试	30								4	5	4	4	4	4	5	
	考查		34							6	5	7	4	7	4	1	

图 1-4　1955 年 7 月华工造纸专业教学计划

从此，我下决心一定不放弃专业教学计划中所列出的每一门课程，包括基础课、专业基础课、专业课等。所以，至今我还保留着 1955 年 7 月学校制订后发给我们每个学生一份的教学计划（图 1-4）。

从此，我努力全面发展，参与公众活动，并成为华南工学院学生会的成员之一，先当“华工院刊”（“华工”

本校印刷发行的周报）通讯员、后被聘为记者（图 1–5）。从此，我的思想有了很大的转变，不怕苦、不怕累、奋勇向前。比如在“劳卫制”体育测试中不慎大腿受伤，流血不止，但我咬紧牙关，坚持到底，终于“冲线”通过。

我那时的表现，在四十多年后（2002 年）本班同学会（华工造纸 59 届校友会）聚会时，一位姓符的女同学对我说，你年轻时生龙活虎，哪里来的那股劲头？不单自己要学习好，而且还帮助我们解决数学问题，怕我们听不懂，在黑板上连比带划的，还记得吗？我用“微微一笑”做了回答，这个潜台词，只有我心知肚明。那就是冯先生所说过的那句话，那句话产生的能量，那句话带来的变化，那句话引出的结果。

“我們要學會自巳開步走！”

图 1–5　1956 年华工院刊剪报

刻苦用功有收获

图 1-6 《造纸与纸张》封面

我上大学的时候，正是咱们国家“一边倒”“韩伯郎”地照抄苏联教学模式的日子。不仅基础课教材是俄文译本，而且是必修的专业课，没有现成的教材，拿译文当讲义。那时的造纸书籍少之又少。就在这种困难的条件下，我开始到处寻找书刊、报纸，只要看到上面刊出的有关造纸的小新闻、小知识，我都摘抄收集起来。而做这些事所用的基本上都是零星时间，我决意不做生命的纨绔子弟，把大把的光阴，当作“区区何足挂齿”的小钱，在闲聊、睡大觉时轻易地扔掉。

时间，对于每一个人来说是一个常数，可以是有效的；也可以是无效的。我不时地催促自己，不能匍匐于时间的脚下自怨自艾，而要提起精神，驾驭它、超越它。我平时随手抄写的纸卡片、小本子、练习簿……多得很。按照时间先后顺序、不同内容分类，（装袋）编号收存。日积月累，集腋成裘，慢慢地有了大量的造纸资料。1977 年 7 月科学出版社出版了我的第一本书《造纸与纸张》

（图 1–6），就是利用大约 500 多张纸卡片上的数据整理加工而成的，首次印数是 25450 册。

早在大学毕业之前，我就十分注意学习方法，顽强、耐心地学习。借助“记忆”拐杖，熟记了许多“东西”，长久地储藏在脑海里，随时随地调出来使用。我一向相信“好脑袋抵不上烂笔头”“记性往往是靠不住的”“写下来的字用斧头也砍不掉”等诸如此类的名言。因此，有一种“不动笔墨不读书”的习惯，写下了不少读书心得、札记，深深地体会到有一位名家所说的“阅读抄书稿，收获真不少”，这确实是一句有益的教诲。

1959 年 8 月，我大学毕业，从广州分配到北京工作，环境变了，耳闻目濡，视野一下子开阔了许多。但是，学习劲头依然如故，毫无松懈情绪。在参加工作之后，结合教学、科研的需要，阅读了大量的专业文献，翻译了若干篇造纸论文，走访了一些专家学者，并记录了他们的论点、论据。我还不间断地把自己圈在图书馆里埋头阅读，抓紧机会去到造纸厂进行现场调研，力图掌握第一手资料。我明白了学习之道，一定要把理论与实践结合起来。而亲临、亲看、亲做，感受生活经验和生产技术的真知、新知、预知，这样才能拿到打开科学大门的钥匙。

1960 年严冬，我们遇到了饥寒交迫的“三年困难”时期。口粮短缺，时刻都觉得心慌肚饿。没有东西吃的时候，只好躺在床上“劳逸结合”。不过，以我那时的思想觉悟，真是要下决心与全国人民一道共闯暂时的难关。我记得北京轻工业学院的 Z 院长（兼党委书记）在大会上讲：大家不要被二两粮食压弯了腰，我们要振作精神、挺起腰来，克服困难呵。于是，我这个一心听党的话、党叫干啥就干啥的“积极分子”，立即响应党的号召，一方面认真地搞好本职工作；另一方面在“养精蓄锐”的时候，写点小文章，向报刊投稿。在一些科普前辈和友人的帮助下，我结合自己的教学任务、科研课题，妥善地安排时间，做到本职工作与业余科普两不误，充分发挥自己的主观能动性。

在以后的教学生涯中，我不仅十分认真地备课，写好教案，在课堂上还鼓励学生独立思考，提出问题进行交流讨论。并且还把全国各地各校编写的造纸讲义、考试试题、作业练习等，尽可能多地收集起来，吃深吃透，汲取营养。并加以比对，分析优缺点，从而提高教学质量。

回想起来，可叹的是，我原先拥有的大量的造纸资料，在“文化大革命”中，基本上荡然无存了。但是，这没有关系，只要有人在，“房子会有的，面包会有的”。本人再加上一句：资料总会有的。现在，我又积累了许多个资料袋，发表了好多篇文章，出版了一些造纸著作，这是我多年刻苦用功的劳动成果。

我愿为造纸献身

光阴似箭，日月如梭，转眼之间，五十多个春秋匆匆过去了。我在参加工作之后，虽然自己主观上十分努力，但是并非一帆风顺。磕磕碰碰之事经常发生，即使遇到一些困难和非难，我都坦然对之。当然，也受到一些前辈、老师和朋友的鼓励和帮助，内心充满了感激之情。不过，使我深感遗憾的是，与我同龄的这一辈人碰上了“动荡的十年”，那本来正是我们精力充沛、思想活跃、出成果、创业绩的大好时光，结果白白地浪费了三千多个日日夜夜。让我有幸的是，在那段困难时期，本人依然关心我国的造纸业。还偷偷地复习“凯西”（美国著名的造纸学者）在造纸专业书中介绍的各种概念和理论。在这段辛苦的日子里，我还碰到有几次要“改行”的麻烦。我都本着“富贵不能淫、贫贱不能移、威武不能屈”的原则，毫不动摇，在自己本专业的土地上默默地耕耘着：以不变应万变，任凭风浪起，稳坐钓鱼船。

图 1-7 《中国书画纸》封面

这就是坚持科学精神。我在一本书《中国书画纸》（图1-7），由中国水利水电出版社2007年出版的跋文中这样写道：每当“在遇到诸多困难的时候，我都不气馁、不后悔，决不停步，勇往直前”。为什么呢？因为我记住了冯先生的那句话，对造纸产生了浓厚的兴趣，我舍不得离开学习、工作了多年的造纸专业。我具有一颗热爱本行业发展的赤心，一直关心着我国造纸工业的发展与进步，这就是我学造纸的目的。

现在，我已经是一个耄耋老人了。回顾过去流逝的沧桑岁月，想起了奥斯特洛夫斯基的一句至理名言：“人生最宝贵的就是生命，生命属于人只有一次。一个人的生命应当这样度过：当他回忆往事的时候，他不会因虚度年华而悔恨，也不会因碌碌无为而羞愧”（抄自：《钢铁是怎样炼成的》一书），我坦然，我自信，我安心，我自诩是一名“澹泊老汉”（图1-8）。我现在把鄙人大半生的零星经历和点滴体会写出来，只是希望能引起青年学子们从中受到一点感悟。如果你现在或者将来要立志做一名科技（造

图1-8 （左）青年（大学时期）刘仁庆；
（右）老年（退休后的）刘仁庆

纸或是别的专业）工作者，那么你就要下决心对中华民族的传统文化遗产（包括我国古代的“四大发明”之一的造纸术）以及其他延伸的现代科学等发生兴趣，学习它、研究它、搞懂它。把终身都献给中国的科技事业，为构筑和实现美丽的中国梦，竭尽绵薄之力，添砖加瓦，发扬光大。这样就不会浪费光阴，枉过一生。

二

我爱读书

读书很重要

现在是网络时代，人们利用“电玩意儿”（电脑、电视、电话、手机等）多了，接触“纸媒体”少了。于是乎，大家对读书的印象和兴趣，也渐行渐远。然而，从中国文化史的发展历程中，读书（以下专指纸质书）仍然是非常重要的。

什么是书呢？有人说：书是阳光，书是历史，书是源泉，书是良药，书是营养品……古往今来人们对书的比喻数不胜数。又曰：书有纯情，视之为“情人”妙哉。书真有趣，能与之“交友”是也。最可怜的人是与书无缘的人；最庸俗愚蠢的人是不读书的人。而读书是人类高尚的精神活动，对书的爱好也成为人的一种美德。所以，只有我们抓紧时间充分读书，才能学贯古今，融汇中西，自强不息，不断进步。

一个在中国造纸业摸爬滚打几十年的老汉，酸甜苦辣都尝过，总有一点点肺腑之言，在退休后的剩余时间里，通过读书或曰闲话“宇宙奥秘之奇，历史明镜之鉴，行业精英之能，生花妙笔之巧，奇闻逸事之趣，亲友情爱之美”等，偶有所得，心广足矣。因此，我认为如果想提高自己的素质、水平，必须下决心去多读一些书。在这里我结合80年的生活经历，读书心得，谈一点自己的体会，供读者参考。

培养读书习惯

我自幼喜欢读书，也有波折，并非一贯。虽然小时候，因怕挨打去读书。长大后，要为保住“饭碗”而读书。可是，“秉烛夜读，良有以也”的习惯总还是有一点点的。反正“不读书、不看报”这顶帽子休想扣到“俺家”的脑壳上，我如是说。

“文化大革命”中，我被下放到河北省固安县轻工业部五七干校，去喂猪、种地和盖房子。曾经暗地里发誓：今后绝不再读书了。“修地球，混日子，活到60岁”成了我的座右铭。然而，1976年10月我改变了这个想法。“如果不读书，我怎么活下去呢？”我又如是问。

我的读书习惯是什么时候养成的？记得6岁那年，日军侵占武汉，我们全家“跑反”到了附近的名叫“青山”的一处乡下。那里没有学校，我混进一个“私塾”里，念了一段日子的“三百千”（指《三字经》《百家姓》和《千字文》）以及接下去要念的《论语》《孟子》……可惜没有念完。那时候，读书只是囫囵吞枣，胡背一气，几乎完全不懂。有时，我背不出，还要遭到邻座小孩的嘲笑，甚至受到被老师拿戒尺打手心之苦（记得有一次手掌被打得肿老高，无奈之下用砚台冷却消疼）。真的没有好办法呀，只好拼命地“背”。日久天长，便爱好上了读书，喜欢上了背书，养成了这个“古怪”的习惯。

退休之后，我的生活原则是“三随”：随心所欲、随机应对、随遇而安。《杨振宁传》一书的作者、北京资深科普作家孟东明先生对此“心有灵犀”，他挥毫为我题写了这句三随戏言的墨宝，馈赠给我。本着这个原则，我读书的随意性很大，不限时、不限量、不限环境，想读就读，不想读就算了，没有任何约束。对别的事情，也是如此，自由多多哟。

现在，我已年过古稀，血压不稳，腿脚不便，成日关在家里。老伴常催我出门“活动一下、锻炼筋骨”。我觉得没啥意思，不如让我在书房中随便翻翻、把过去想读而没有读完的书看一看、过过瘾，以“了却心愿”。我想，本人既非爱书如命者，也非嗜书如虫者，只是总想从读书中找点什么乐趣，找点像小时候在夏秋的傍晚，与小伙伴们去墙边旮旯逮“蛐蛐”的那种感觉，那是一桩多么惬意的事呵。

吞读、选读、挑读

综观70多年以来，老汉我总结对读书的认识可以大致分为三个层次：

第一个层次叫吞读。前已述及，我打小就被迫胡乱地背了许多诗文，因为不明其理，难免词句交叉混在一起，时不时地会“犯晕”，出现张冠李戴、移花接木的笑话，好像说相声（他们是故意）那样的串词儿、混调儿。有时候，几乎达到了“胡说八道”的境地。

到了上中学的时候，这种吞读的习惯不仅没有改掉、反而“变本加利”。我可以毫不费力地背诵李白的《将进酒》、杜甫的《兵车行》，还有鲁迅的《狂人日记》等，以及高尔基的《海燕》，甚至有普希金的长诗《渔夫和金鱼的故事》等。这些都是我在课余独自背过的一些名篇，没有家长的督促，也绝不是老师布置的什么家庭作业，而是自我的一个选择、一种兴趣、一项游戏。简而言之，就是背着“好玩”。我甚至还与那时中学的同班同学（如现在是中山大学的历史系教授、敦煌学家姜伯勤）比过，看谁背的诗词和文章多。“个人读书的自觉性颇高”，这是本人孤芳自赏时的自我评语。

根据我的体会，学汉（字）语（文）的第一个基本功就是背书，而且背的越多越好。不少人没有注意到，背书的目标和关键，就是通过它来积累“汉语”、锤炼记忆力和培养读书（学习）习惯。结果是，一旦习惯养成，并随着年龄的增长、知识的“集富”、理解力的提高，则将受益匪浅。过去，许多家长也教过孩子从小背诗。但是在教了几首、十几首之后，不再继续下去，烟消云散，最终当然是前功尽弃、所获甚微。我小时候背书的确很苦，只是能够坚持下来，于是到了成年便有了“苦尽甘来”的奇妙效果。后来，我常常在讲课、发言、写文章时，不知怎么地一下子从脑子里蹦出一个词、一句话、一段文字来，“恰到好处，其言凿凿；心旷神怡，其乐融融”。依我看，家长们以好玩的心态教育小孩子背诗、背书（一定要有足够的数量，否则无果），寓教于乐，肯定是一件最简单、最实在、最经济的好办法。

第二个层次叫选读。1955 年 7 月，我考上广州华南工学院的造纸专业。当时的政治形势是“一边倒”，对苏联顶礼膜拜、言听计从。在高等学校里完全照抄他们的教学模式。不仅基础课教材是俄文译本，而且必修的专业课，没有现成的书，又因系里的老师忙不过来，也只好临时找人翻译变成油印讲义。其中不乏有聱牙拗口之词，更多的是让人摸不着头脑的中文字句。在这种情形下，我采取了选读的办法。所谓选读，就是攻读当时用得上的书（主要指专业书），别的书“回避”之。选读还要记卡片，专攻一点，深入发力。“好记性抵不上烂笔头”是至理名言，不可小视。遇到困难怎么办？一是找有名望的老师请教、查原文。二是找有关的参考资料。不论天下任何一种书，不可能是“仅此一本”，同一类的书，可以彼此参照，互相补充，核对完善。读书就靠勤找、勤问、勤记，一旦水到渠成，必定有所收益。1958 年，我在华南工学院念“大三”时，“初生牛犊”，翻译《纤维素化学的俄文论文》居然在北京《高分子通讯》杂志（1958 年 2 卷 4 期）上刊出。“大四”时，又“太岁头上动土”，撰写了一篇书评——简评《纸浆学》于 1960 年 7 月在上海《化学世界》月刊（第 7 期）上发表（图 2–1 ）。由此可以看出这种选读方式的能量之大。

毕业后，我先被分配到北京轻工业部造纸研究所工作，不久又辗转去北京轻工业学院教书。由于各种原因，本人要讲授或辅导好几门课程，这样就使我对读书的选择更加带有“功利性”了。过去有一种老说法：在中学是“讲书”，在大学是“讲课”。大学备课不能只准备教材上那一点东西，要追根溯源、引经据典、瞻前顾后。因为备课需要找更多的参考书，所以我要经常地跑图书馆和新华书店。跑图书馆需要 time，跑新华书店需要 money。那些年，我既缺乏时间（每周要开好几次会，如政治学习、小组生活、院系或教研室各种会议等）也缺少金钱（每月工资 56 元，要养活一家），真是苦得很。回想起来，也很是惭愧和抱歉，当我的妻子在医院做剖腹产手术需要家属签字时，单位派人四处寻找（那时还没有手机），我却还在北海公园旁边的北京图书馆里查书呢。

書評

簡評“紙漿学”（上、中冊）

刘仁庆

1960年7月　341

图 2–1　简评“纸浆学”

选读是服从学习或工作的需要，不得已而为之。其实，鄙人的兴趣还是蛮广泛的，我喜欢的东西太多了，不胜枚举。故而按照“有所为有所不为”的精神，在一定的时间、空间里集中力量选读一定量的书来读，免得发生“拣了芝麻、丢了西瓜”之弊端。

第三个层次叫挑读。我退休之后，没啥负担了。我对读书的要求就越来越高，我在自己“书斋”里摆有3个书柜，嵌有玻璃门儿，擦得一尘不染，查找自藏书十分方便。按老汉我的分法，这些书分为综合类和专业类，前者包括一些辞典、手册、“案头书”和朋友赠送的各种各样图书等。后者是造纸专著、科普作品以及有关的文化书籍（散文集、评论集）等。因为柜中的很多书早已读过了，所以闲来无事，随手抽出一两本，流览一番，是想起点“温故知新”的作用。谁知越看越有问题，不是这里不妥，就是那里有错。常听人说：天下没有不散的筵席，世上没有无错的书籍。俗语讲：无错不成书，真是这样的吗？

那么，我的这种挑读方式如何、目的安在？在这里不妨透露一点“小秘密”，年纪大了，老眼昏花，精力不济，读书的时间不能长，看一会就要休息。特别是版面的字体小，文字又长又多，很费气力。所以，连我家订阅的北京《晨报》，常常只看A叠第1版的大字标题，对其他B叠、C叠、D叠等一般都匆匆过目，很少细读。那么，对于一本一本的书呢？挑读并不是一字一句地从头看到尾，而是在快速流览中抓住我感兴趣的那一部分，然后像猎手瞄准“猎物”那样，扣动扳机，砰的一声，把猎物翻过来、倒过去，仔细琢磨，从中找出毛病。再拿另外的一张纸或卡片记下、加以批注，每当有所得，心中便“升腾”起一种愉悦的感觉，“甜”得很呐。挑读时一是要发挥自己所长，二是要选择相应的书籍。说白一点，就是千方百计去找“书中错”。找一点，就有一点收获，找得越多，收获越大。

举两个例子。有一次，我从（北京）故宫博物院印发的一份资料中，提及有一位北京的造纸“专家”，他居然能看见了纸面上有“木素”（！），还振振有词地对周围的人说这张古纸的年代是如何的久远云云。这种非专业的“远见卓识”，实在让人“不感冒”，我真希望他能找一本纤维素化学来看一看，切勿冒充内行吓人，请勿误导大家视听！又有一次，在图书馆里看到某出版社发行的《文房四宝》一书，随手翻到第113页倒数第10行，原文是“宣纸有这样一些优点，一是它的白度高，一般的书写纸的白度在80度左右，而宣纸可达到90度左右……”从专业眼光来看，这句话显然是不确切的。作者是一位知名人士（隐去真名），出现这样常识性的错误，完全出乎意料。因为根据宣纸的国家标准GB/T 18739—2008规定：宣纸的白度规定为70度。多年以来，宣纸工厂质检科的检测报告也表明其白度的范围是70~72度之间，明清时期的宣纸其白度均在70度左右，这才符合实际情形。况且生产时采取的对纸浆进行“晒白”处理也很难达到高白度，除非使用化学漂白。而经过化学漂白的高白度的宣纸，并不是书画家们所欢迎的。他从哪里得知有那么高白度（90度）的宣纸？是道听途说还是主观猜想？落笔前去核对过吗？我以这么宽容、豁达的心态提出评议（不是批判，更不是批驳，而是提醒之意），并不是要故意发难、以偏概全，而是要除掉瑕疵、捧出白玉，让书的内容更完美，对读者更有裨益。

说到我自己写的书和文章，回头看来也有若干不妥或错误之处。一般而言，一段文字中所表述的观点和内容不对，这就是“错”。而个别文字若不对，则表明是“误”，这或许为“笔头误”，或许为“排版误”，没有校对出来。不论什么错误，都要自我检讨，坚决纠正。我在此申明：真诚地欢迎读者的批评和帮助，有错必改，绝不护短。

读书无止境，越多越好

读书一旦达到了一定的数量级，会在脑海中浮现许多片断，写起文章来便会有“文思如泉涌”的感觉。俗话说：熟读唐诗三百首，不会作诗也会吟。因此，读书好比向仓库里储货，写文章好比向读者供货。如果不读书，脑袋里空空如也，文章无论如何也是写不出、写不好的。而且不能死读书、“跪着读书”，还要有批判、“站着读书”。“活学活用”，高屋建瓴，才能所向披靡。现在，有些大学的个别硕士论文、博士论文（著作）发现有抄袭之嫌（这是很不应该有的现象，已经引起社会各界和媒体的高度关注）。这个问题，咱们先不必“上纲上线”提高到学术道德标准、思想意识修养上来追究。说轻一点，很大的原因可能是这些年轻人（作者）一没有多读书、二想快点出名、三欲贪图近利。心绪浮躁，没下功夫读书，没有扎实的基本功，幻想一下子抱个“金娃儿”，不摔“跟斗”那才叫怪哩。

所以说，要学会写文章，必须从多读书开始。读书是文章之源（全无排斥实践的重要性之意），学子们要有兴趣学会多读一点书，只抱着专业教材读是远远不够的。根据我这些年收集和初步统计的结果，1900 年以来国内出版有关的中文造纸图书大约有500多种，[1]英文和日文的造纸书籍则比较多一点，有条件的要好好学习与研究。除了书以外，依我之见互联网上的有关资料，也是需要查阅的。网络的优点是，信息的传递速度较快；缺点是，内容的准确程度较差，引用时要小心一点为好，仅供参考。目前最重要的仍然是读（纸质）书，一是方便；二是自由；三是可以反复琢磨、思考、摘抄。

写到这里，差点漏掉了一个重点，那就是还要养成写“读书笔记”的好习惯。如果只读不记，那将会是“狗熊掰棒子”，效果是不会很好的。革命老前辈徐特立不是有句名言："不动笔墨不读书”么？我个人的体会是：读书是越多越好，文章是越改越好。依我的经验，青年人不妨多背一点东西（趁记忆力强多背，有人会问背得过来吗？那就看你的本事如何施展了）；中年人要依自已的兴趣选读一些东西（洞察力和判断力叠加起来）；老年人则可以挑读一点点东西（自由自在了）。“阿拉”就这样从一本一本书中去挑错，我从自藏的书一直查到从单位图书馆借来的书。有一次，我到学校借书（快借快还，一次可借20本，请人帮着拿回家）时，引起图书馆的年轻职员的注意，她感到吃惊：“您老一次借书这么多，都看过了？”我答道：“读书，各人有各人的读法。我的读法与你们不一样呵！”总而言之，统而言之，正所谓读书读到了一定层次，就不一定按老规矩办了。我在北京生活、工作了50多年，便想借用一句“老北京话”“戏法各人会变，各有巧妙不同”。

[1] 刘仁庆．我国近现代造纸书目综述[J]．广东：造纸科学与技术，2010（5，6），2011（1）．

三

我喜画画

自小喜欢“涂鸦”

半个多世纪以前，我在武汉市第二中学（简称市二男中）读初中一年级的时候，常跟几个同学（记得的名字有姜伯勤、徐信、陈东华、张精华、杨洪铸等）一齐玩耍，玩“打克朗球”、玩“弹玻璃珠（球）”、玩“官兵捉强盗”，后来玩腻了。不知是谁介绍一位高中的同学，名字叫黄光耀（笔名肖弟，他后来毕业于沈阳鲁迅美术学院版画系，曾任甘肃美协秘书长），当时有人说他会画画，而且画得“顶好”。不久我们就跟着他拿起画笔来（我们还在姜伯勤家里找了一间空房子，放了一张大桌子，凑钱买回了一些铅笔、毛笔、颜料和纸张）。过了一些日子，大约是快到1951年，我很大胆地用毛笔（如今还有多少小朋友、青年人会用毛笔吗？）画了一张习作——姑且叫“幼稚画”吧，题目是“庆祝元旦”（当时国家还没有颁布简化字，画中出现的字有两种，一种是繁体字，如万岁；另一种有好几个“简笔字”——包括我的姓名，都是我们的“国文”老师教的。那时武汉解放不久，社会上开始流行这些被称之为简笔字的，它不叫简化字或简体字。因我对简化的东西很敏感，画的时候就用上它了）。这张画送出去，居然被武汉出版的《大刚报》（日报）在元旦期间发表了（图3-1）。好家伙！这一下子可真把我的兴趣之火点燃了。后来，又画了不少“画”，

图 3–1　庆祝元旦（作者 1950 年的毛笔画）

包括一些漫画。后来，乱丢一气，全都没有保留下来。再后来，“人去楼空”，就没有心思画画了。

1955 年夏天，我面临高考填报志愿的难题，选项多得很。矛盾了好几天，终于在“学会数理化，走遍天下都不怕”的指引下决定“学工”。大学录取后，“被分配”学造纸专业。那时的理想是听党的话，当一名“棒棒的”造纸工程师，谁知天地间的事难以预料，阴差阳错，最后我却当了 30 多年的大学“教书匠”直到退休，万幸的是没有离开本行（专业）。虽然我的业务跟画画沾不上边，完全“挂笔”了，但是我对画画，尤其是漫画仍旧一往情深。

画画是我从小的一个情结，印象很深。记得在小学低年级的某一天，上图画课的时候，我在一张大纸上乱涂了 100 个“动态”简笔画，居然被图画老师打了 100 分。试想这对一个小孩子有多么大的鼓舞作用。自从跟黄光耀学画以后，看了许多画刊画书，如《时代漫画》《上海漫画》《泼克》《鳄鱼画报》《王先生与小陈》《三毛流浪记》

《绘画概说》《读画随笔》等，同时也知道了一些漫画家的名字，如黄文农、丰子恺、鲁少飞、张光宇、廖冰兄、丁聪、米谷等，还有“大鼻子”叶菲莫夫、库克雷尼克塞（苏联漫画家）等。至今我还保留了 1951 年库克雷尼克塞发表的“国际漫画”（图 3-2），你瞧画中的（反派）人物面容酷似，线条清晰流畅，主题含义蕴藉，真是一幅难得的佳作。现在的青年人，有几人曾见过这样好的漫画？

图 3-2　国际漫画（库克雷尼克塞画）

结识多位画家

1978 年 5 月，我到上海参加全国科普创作座谈会。会上遇到了久已慕名的“三毛之父”张乐平先生，双方握手后我们交谈起来。可惜张先生能听却不能讲普通话，而我对上海话又是“石头掉到井水里”。于是，便请旁边熟人帮忙当“翻译”。后来，我请张先生在我的拍纸簿上画个三毛留着纪念，他说了句“侬等一等”，便掀开外衣角掏出一个小瓶儿，抑脖，摸嘴（这个动作，过后获知他老先生嗜酒）。接着拿起笔，也不戴眼镜，几笔就勾出了一个活泼可爱的小三毛头像，并签上了自己的名字和日期（图 3–3）。以前曾听说张乐平画速写，快、准、传神。这次我亲眼所见，真是笔法飞舞，一点不假，名不虚传。

图 3–3　三毛头像（张乐平）

现在，我虽然不画画了，但还是十分喜欢看画。一方面在北京能够参观各种流派的“画展”，让人大开眼界；另一方面还能结识一些画画的朋友，彼此交流。

退休之后，常去走动，放开“神侃”，其乐无穷。因为我是干造纸的，对纸张有一点了解和心得，大伙在聊天中不时地问这问那，不外乎是绘画用纸有些什么特性，这些特性又是怎么产生的，等等。我尽我所能，仔细回答。有时还帮助画家解决一点用纸问题，比如中国画家林殿惠创作一幅长卷《漕河胜迹图》，长 26 米、高 0.7 米，该画表现了京杭大运河在清代“康乾盛世”时期漕运的盛况。在选用宣纸尺寸上，用 4 尺的小一点，用 6 尺的又大一点，十分棘手。我就通过中国宣纸协会想办法帮助其购买到 5 尺宣。为此，林先生还撰文描述了此画的创作过程，在一家刊物上发表，文中向我表示了感谢。

图 3–4 作者与画家楼青蓝先生（右）

画家楼青蓝（图 3–4）生于 1927 年，浙江宁波人。擅长中国画、水彩画、粉笔画。1944 年至 1949 年就读于刘海粟创办的上海美专，毕业后留校任教。1951 年起长期从事电影美术创作。早期师从刘海粟、张光宇、张正宇、张仃诸艺术大师。在艺术绘画方面尤擅长动物题材的装饰性绘画，作品富有强烈的时代气息和民间韵味，给人以美的享受。被评论家誉为绘画艺术上的多面手，对国画、水彩画、油画、粉笔画等创作都有自己独特风格。现为国家一级美术师、邓小平画像的作者。

这位年近九十的老人、美术行家，精神矍铄，十分健谈。我们两人于 1978 年在上海开全国科普创作座谈会时就相识了。我经常打电话向他请教一些绘画艺术方面的问题，每次他都十分耐心地解答我在绘画、装饰等方面提出的十分“外行”的疑难。

图 3–5 作者与漫画家缪印堂先生（右）

漫画家缪印堂（图 3–5），完全是自学成才的典型。据介绍，他于 1935 年 1 月出生于南京。自小喜欢画画，画完了向报社投稿，每投必中，兴趣大增，埋头画画，“忠贞不渝”。从 1956 年起，他先后在《漫画》杂志、中国美术馆、《文艺研究》《民间文学》等单位工作。1981 年调中国科普创作研究所，为该所研究员，高级工艺美术师，中国美协漫画艺委会委员。1996 年退休。现为中国美术家协会漫画艺委员会副主任、《漫画月刊》高级顾问、《漫画大王》顾问、北京电影学院动画学院客座教授、河南大学客座教授、全国先进科普工作者，是荣获国家特殊津贴的有特殊贡献的知识分子。他从事漫画多年，创作领域宽广，表现多样，在国内外多次获奖。

最近，缪先生对当前的漫画界提出了包括动漫在内的一个“大漫画”的新概念。他认为漫画这个画种应具有多元性、包容性和社会性。过去很多人认为漫画只管讽刺，必须与政治相连，其实并非如此。可以扩大到众生相、儿童相、女性相等，丰子恺先生不是画过许多了吗。但是要注意，不可庸俗化。有一种所谓的“幽默画”，仅仅为了博得读者一笑，也不能不让它存在，我们应该有宽大为怀之精神。20世纪30年代是我国漫画发展的“黄金期”。那时候，漫画人才辈出，作品百花斗艳，让人目不暇接，呈现鼎盛之势。现在个别的80后、90后的青年朋友，并不知道我国的漫画历史有多么悠久，而是反其道而行之，对引进的日本“动漫”，如醉如痴，甚至照搬照抄，这种状况要好好扭转一下才好哩。

面对这些画家，我这个不能画画的老汉，平时“在门外”去奢谈一点对画作的体会，总归可以吧。这是一种艺术欣赏，一个业余爱好，可以提升品味，陶冶情操。我所关心的是绘画与纸张之间的关系。每逢在开会或者看“美展”空隙之时，遇见了画家总少不了唠叨几句，或提问、或评论、或探讨，凡此等等。比如西洋画中的油画，多用亚麻布、尼龙布为材料，而现在使用油画纸的人并不多，为什么呀？搞不清楚，请予赐教。

至于所谓的“拼贴画”是否列入绘画艺术范围，它们的特点怎样？据说，中国美术界对此持有不同的看法，因为它主要不是绘画，而是拼贴，它不属于某一个画种，而是一种形式。最近，报上还有人宣传用宣纸画油画，美其名曰中西合璧、“突破创新”。它既掩盖了宣纸的特性，又破坏了油画的手法，这件事遭到了美术界同仁一致的否定。

此外，我还喜欢收藏各种人物的漫画像（图 3–6），如画家张仃、周思聪、缪印堂、贺友直、叶春旸（yang，音阳）、何韦、丁午等，线条简洁明快，形象生动逼真，十分好玩。空闲之余，拿出来观赏一下，有催发“灵感”的作用，还会获取会心一笑耳。

图 3–6　众人漫画像

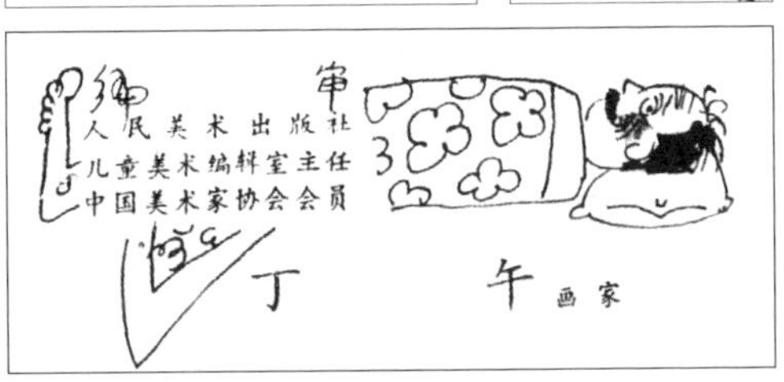

绘画用纸很多

著名雕塑家、评论家王朝闻说过："美术上技法和材料应该结合起来，如果没有相应的材料，技法也是空的"。这句话多么精辟、中肯啊。当然，如果画画把运用笔墨与了解纸张的性能结合起来，那么一定会有如虎添翼、事半功倍的效果。于是乎，调动我多年的知识积累，终于把画画与纸张"对接"起来。

绘画用纸大体上分为两类：一类是中国画用纸；另一类则是西洋画用纸。这两种画是"两码事"，它们各自需要使用特定的工具（毛笔、排笔、研墨、颜料等）和材料（宣纸、丝绢、画布等），不能混为一谈。它们各自具有不同的特点：毛笔是软的、排笔是硬的；宣纸是柔软的，画布是刚硬的；研墨是水性的，颜料是油性的。我曾经写过一篇题名为《绘画用纸杂谈》的文章（在《天津造纸》2008年第1期上发表），做了一些介绍和讨论。时过五年了，现在再略为补充一点。

中国画的用纸多为手工纸，也有部分机制纸。众所周知，适于中国画最好的是宣纸，宣纸分为三类：特净皮宣纸、净皮宣纸和棉料宣纸。从耐久性和润墨性来讲，依次递减。所以，像国画大师李可染晚期作画，都是用安徽泾县专门定购的特净皮宣纸。中国画用纸不单只有宣纸，还有多种其他手工纸（一般是皮纸，竹纸不宜），如徐悲鸿用的高丽纸，傅抱石用的温州皮纸、潘天寿用的加矾纸等。

中国画用的皮纸原料主要有：青檀皮、桑皮、构皮、三椏皮等，采取手工制造，成纸一般为碱性，适合软笔（毛笔）来创作。西洋画的用纸多为机制纸，成纸一般为酸性，适合硬笔来创作。这类纸主要包括有以下几种。

油画纸，它的质量要求是很高的，其强度、韧性几乎可与画布相媲美。油画纸通常采用棉花或絮棉、亚麻等长纤维来制造，再经过超级压光机处理，能够经受油彩、刮刀的“进攻”，还要加入多量的施胶剂，使纸面具有抗水、抗油的性能。

还有水彩画纸、水粉画纸，由此联想到许多年前，我去北京画家卢开祥（徐悲鸿先生的弟子之一）家里拜访，他拿出几张保存了多年、从英国进口的水彩画纸——卢先生叫它华特曼纸（Whatman's Paper），我用眼看了看，用手摸了摸，感觉到纸质十分坚挺厚实。虽经桑田，但纸色依然清丽美观，这可是不易多得的好纸呀。令我这个搞造纸的科技工作者，既大开眼界，也颇为羡慕。

但是，就水彩画纸、水粉画纸而言，其质量要求也是比较高的。不仅纸面洁白，而且要经久不变色、不“泛黄”、不起斑点。这是因为制造该纸所用的浆料（100% 的精制棉浆或麻浆）中，含有的纤维素的纯度高，同时纸内几乎没有铁（Fe）元素等杂质的缘故。但要注意的是，画水彩画只能用水彩画纸，不宜用别的纸。目前市面上的水彩画纸品种不太多，而可以用于水粉画的素描纸、白卡纸等的供应却很充足。购纸时留心水彩画纸与水粉画纸只差一个字，不要搞错。

素描纸是用漂白化学木浆等为原料，在加工过程中还要利用毛毯压榨增加纸面上的毯痕（即纹理，使纸面变得比较粗糙），这样便能够吸附更多的炭粒，有利于调整炭精条或铅笔画出的“调子”。素描纸的规格一般有全开，对开，四开，八开；还有不同的克重如 220 克（克/米^{2}之简称，下同）、200 克、180 克、160 克、100 克等。如果画形体素描的话 180 克或 160 克是较常用的，纸张颜色分本色与精白，随各人兴趣而选定。

速写纸却比较简单，没啥特别的要求，只要是白纸（如书写纸、新闻纸、胶版纸、复印纸等）、能够承受硬笔（铅笔、圆珠笔、钢笔）的压力，什么样的纸都行，裁成一定的大小（以方便携带为准），随行随画。这里就不用多说了。

画外效果很大

我从开始喜欢画画，直到以后去欣赏绘画，又结合自己所学的造纸专业，慢慢地把绘画与纸张串起来，进而研究起纸文化的主题来。鄙人就是这样一步一步地走过来的。因为纸作为一种文化艺术的平面载体，不论古今中外，都与绘画密切相关。所以搞纸的人要向艺术倾斜；搞艺术的人要向纸倾斜。再提高一个层次，诚如著名物理学家、诺贝尔奖获得者李政道在《科学与艺术》一书（2000年上海科学技术出版社出版，珍藏本）中所说的，“科学和艺术本是不可分割的，就像一枚硬币的两面，它们共同的基础是人类的创造力，它们追求的目标都是真理的普遍性”。

书中以“复杂与简单”这两个概念来举例：1917年，汤普森（D.A Thompson）发现所有海螺的螺旋结构，可以用简单的数学公式来表示，即半径的对数线性地依赖于角度，它们的变化是直线关系，数学上称为标度定律。（图3-7）过了半个多世纪，1996年画家吴冠中以一幅海螺画图来描绘两者之间的对接与神韵。

这个小小的例子，就可以让我们豁然开朗，搞清楚科学与艺术之间到底是怎么一回事了。原来所有的复杂性都是从简单性产生的，如两千年前中国的哲学家老子所言，“道生一，一生二，二生三，三生万物”。世界上的任何东西

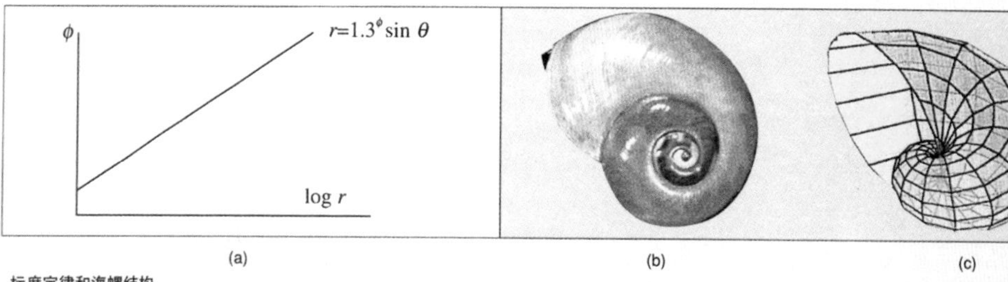

标度定律和海螺结构
(a) 标度定律；(b) 海螺的照片；(c) 按照标度公式由计算机画出的图形
Figure 1 Scaling Law and the Structure of Seashell
(a) Scaling Law; (b) Photograph of Seashell; (c) Computer Plot According to the Scaling Formula

图 3–7 标度定律和海螺结构

都可以归纳成抽象的“点线面”，又能够开展为具体的“实物体”。科学的发现和艺术的表达是一致的，两者都在寻求真理的普遍性，而普遍性一定根植于自然，对它的探索则是人类创造性的最崇高的表现。

所以，虽然在我们的日常生活和平凡工作中参与的都是一般或很一般的活动，似乎既没有什么科学内涵，也没有什么艺术形式，不会“被眼球”吸引。不过，如果在我们的脑海里，略有一些具体的画面和抽象的理念，两者彼此交流、融合。换言之，就是会画画也好、不会画画也好，只要对画画感兴趣，就会调动我们的形象思维，甚至能触动一点创造性的思考方式。那么对于我们或多或少是会有帮助的。例如，在我提笔撰写某篇稿件时，常常不经意先用铅笔在草稿纸上勾出一两幅“简笔画”，以补充文字表达之欠缺。草稿写完后，再上电脑加以调整、润饰（这种“写法”与年轻人直接在电脑上著文不同）。因此，表面上看画画是很普通的事，不愿画或者不会画、绘得好或者画得差、或者当不成画家，等等，这些都是无所谓的事。只要有稍许些“画画细胞”，能喜欢、会欣赏，必然产生一定的影响和效果。因为我喜欢画画，以至日后带来了很多意外的收获，那是不能够用几句话说清楚、道明白的。

在这里顺便向朋友们推荐一下，如有机会要尽可能地去多多观赏中国画——以精巧毛笔加上细微宣纸所创作而成的国画，在大师的手下能够表达十分神奇的效果：你观山景，耳边仿佛传来徐徐的风声；你看奔马，耳旁似乎听到嗒嗒的响音。它宛若带着你“穿越”时空，进入“忘我”的梦幻境界。不过，这一定是画的原作，才能产生如此淳厚、真切的印象。因为这时候的墨色呈 3D 态，而变为印刷品或照片时却呈 2D 态，感觉完全不一样了（新 3D 印刷品，另当别论）。现在，按国家规定，各地的博物馆、美术馆、文化馆基本上是免费参观的。我想呼吁一下，大凡收藏有国画原作（特别是大师级的）的单位，每年选择一定的时间拿出精品向公众展出，这一方面有利于该画的长久保存；另一方面对培育观众的哲学意识和美学思想也有莫大的帮助，何乐而不为呢？话扯远了，到此打住。

四

我攒资料

明确一个认识

不论我们是干什么行业（造纸当然也包括在内），都有一个了解和熟悉的过程。为了要知道“行规”“入道”，也必须知道它的来由、演变和状况，其中掌握一定的资料是必不可少的。一般而言，资料分为科技资料和人文资料，我们干的是科技工作，当然关注的是前者。什么是科技？开始我也搞不懂，人云亦云地说：“科技就是科学技术嘛。”但是，科学技术是一个意思吗？它们之间有何区别？再追问下去我只好回答：实在弄不大清楚了。

到了后来我才明白：科学技术是一件事物的两面，科学是指这是什么，技术是指怎么去做。科学一词是英文Science翻译过来的外来名词。早在清朝末年，Science曾被人翻译为“格致”（是格物致知的简写）。它源于《礼记·大学》，即穷究事物的原理、法则而总结为理性知识，也是儒家的一个十分重要的哲学概念。在日本明治维新时期，日本人把Science翻译为汉字“科学”，假名读作“かがく”。清代的康有为（1858—1927）首先把日文汉字“科学”直接借来引入中文。严复（1854—1921）在翻译《天演论》和《原富》（我国历史上亚当·斯密《国富论》的第一个译本）两本书时，也把“Science”译为“科学”，于是，从20世纪初开始，“科学”一词便在我国文化界中流行起来。

技术（Technique）一词的希腊文词根是“Tech”，原意是指个人的技能或技艺。在早期，专指某个人的手艺、技巧，家传的制作方法和配方等。但后来随着科学的不断发展，技术的涵盖面大大地增加了。

那么，科技的总体含义是什么呢？传统观念认为，既然科学是人类所积累的关于自然、社会、思想、创造的知识体系，即指研究客观现象及其规律的自然科学。那么，技术泛指根据自然科学原理和生产实践的经验，为某一实际目的而协同组成的各种技术的工具、设备、部件等体系。因此，科学与技术是辩证的统一体，但两者还是有区别的。第一，科学是一般表现为知识形态或理论形态，回答“是什么”“为什么”的疑问，技术则表现为物质形态，解决“做什么”“怎么做”的问题；第二，科学的目的是从现象中求其本质，提高认知，技术是某种认知或经验的升华；第三，科学是发现，是技术的理论指引或开导，技术是发明，是科学的实际运用；第四，对科学的评价要求是更“深”一些，对技术的评价则是更“新”一些；第五，科学是不保密的，论文发表后供人引用，没有商业性质，而最初的技术却拥有专利权，受法律保护，等等。至于人文社会科学，那是另外的事，不属本文讨论的领域，不必去说了。

在我们完成了这一个基本认识、建立起对科学技术的核心之后，才能正确地去辨别资料、收集资料和利用资料。如果没有掌握这个起步的环节，那就会导致“盲人骑瞎马”，胡乱抓一气，其结果必定是“竹篮打水一场空”了。这个道理，至今还有一些人并没有完全弄明白，真的是可叹呀。所以说，我把纸和造纸为核心并当作原点，再将与之相关的各种旧的和新的资料作为半径画一个圆形，在此面积范围内的资料都是收集和积攒的对象。

鄙人在此啰哩啰嗦地写了上边一大段文字，其目的是把我个人曾经走过的“弯路”告诉大家，希望年轻的朋友从中汲取教训，得到启发，从而提高自己的认识水平和收集资料的能力，以便能够积累更多的好知识、好经验、好资料。

“集资”方式几何

资料哪里有？处处要留心。德国政治哲学家及社会理论家、马克思主义创始人卡尔·亨利希·马克思（Karl Heinrich Marx，1818—1883，这是全名，你知道否？）曾经指出：“研究必须充分地占有材料，分析它的各种发展形式，探索这些形式的内在联系。只有这项工作完成以后，现实的运动才能适当地叙述出来。”（图 4-1）这里说的“占有材料”就是指收集到的各种各样的资料。

资料来源之广，几乎无所不在。上至日月星辰，下至山水风景、树木花草、鱼虫鸟兽、楼台亭阁等，还有历史典故、传说神话、寺庙教堂、地方戏曲、民间故事、现实新闻，等等。是不是不分皂白地什么都收集呢？不论何人的时间、精力都是有限的，尤其是一个专业工作者，必须细心选择、把重点集中在本行业上。例如，拿我来说，凡是有关纸和造纸的相关的资料，我都收集，采取的办法如下。

图 4-1　马克思（1818—1883）像

（1）卡片

又称资料卡片，这是过去一种老式的积累资料的形式，现在已经少见了（图 4–2）。常用的普通卡片尺寸为 7.5cm ×12.5cm，面积不大，容纳的字数不多。但其优点是方便、简明、灵活，可以随意抽取、插入、排列和整理。每张卡片一般只抄摘一篇文章或书籍的文题、简介和来源。卡片可以先行编号或者不编号。抄写好的卡片要放入卡片盒中，用“指引卡”（比普通卡片的面积上边多出一块，可以写上主题名称，如长网纸机、中性施胶等）把不同内容的卡片隔开。

图 4–2　卡片

1977 年 7 月科学出版社出版了我写的《造纸与纸张》这本书，共有 221 页，近 14 万字，就是参考我摘抄的 500 多张卡片所完成的。这些年来，我已经积累的卡片竟达三四千张，而且还在不断地增加。

虽然卡片的容量较小，但作为题名索引是可以的。必要时可用它去找查原文。而且随时抽出或插入卡片（过去的文题按笔划，现在则按汉语拼音排序），自然也十分顺手。卡片对于今天的青年学子而言，已经是个“遥远的”名词。他们对 Card 的理解，以为是金卡、银卡、信用卡等，与资料卡片完全是两码子事。

（2）剪报

剪报就是把报刊上有关纸和造纸的相关的资料，如果是自己个人的报刊，见到后要立即剪下来，然后分门类地粘贴在剪报本上。如果是公家的，要借出来复印、剪贴、留存。切勿忘记，在一些重要资料的剪报空白处，必须注明报（刊）名、日期、版次。

剪报的作用常被人忽视。有人以为科技资料必须是长篇大论的东西才够味儿，才有收集的价值，其实这是误解。有时越是大块的文章，引用他人的东西越多。报纸的版面有限，要求短小精悍，挤去“水分”，留下“干货”。因此，有时在报上我们会读到确有见地的好文章，冒出的新思路、新技术和新点子，完全可以作为资料保存下来。

我收集的剪报本共有 30 多本，它们分别是：①造纸通论；②纸史资料；③手工纸·非遗名录；④中国纸名；⑤纸业人物；⑥纸业商情；⑦造纸原料志；⑧书画纸与美术；⑨少数民族造纸；⑩科学·科普·文化，等等（图 4-3）。此外，还有其他诸如汉字、文物、发明史、化学品、文房四宝、化验分析，诸多方面。我把平时见到的有关资料分别地剪贴在不同幅面的大开本（多数是作废了的大厚书或纪念册）里，主题明确，内容集中，翻阅比较方便。

（3）资料袋

由于收集到的资料具有时间性，而且有的内容较多时，就把它们装入一个个“档案袋”（牛皮纸袋）中。按时间先后编列号码，一旦有需要便查到号码抽出资料袋即可。从 1974 年起，我依年度顺序编

图 4-3　我的剪报簿样本

列资料袋，迄今已有700多个资料袋了。例如，No.2袋的标题是：中国古代的四大发明之一：造纸（1974年）。No.86袋是废纸脱墨（1979年）。No.132袋是中野准三讲课（1984年）。No.218袋是妇女卫生巾（1985年）。No.310袋是广州（瑞典）伊诺夫汉臣造纸技术交流会（1986年）。No.433袋是机能纸（1992年）。No.506袋是手工纸纸药（1995年）。No.610袋是滤纸技术（2003年）。No.714袋是汉王电纸书（2010年）。

每一个资料袋内包含有相关的材料，如会议资料、个人记录、技术数字、设备图纸等。如果要做好每一项工作的收集，应当特别细心，因此事先甭管资料有用或无用，暂且装入袋内。等到阅读后再做处理。当然，资料袋要专门搞一个索引，或用一个本子记录编号、题目、时间，必要时还加注袋内的特别资料名称，借以记牢。

（4）专题册

所谓专题册，就是一个个普通学生练习本。它既是我的学习笔记，也是我平时想到的研究课题，同时又是我写文章的草稿来源。这些专题册也要编号，例如No.101册是数理统计（1965年）。No.133册是中国文化之谜（1986年）。No.144册是造纸人物志（1988年）。No.168册是防伪纸调查（1992）。No.178册是纤维分析与纸的物检（1993年），等等。同样，专题册也要专门搞一个索引，以备随时查找。

（5）备忘录

我是从2007年5月才开始搞一个“备忘录”的。这可能是随着岁月的流逝，我的年岁偏大，记忆力日渐衰退，好多事情会被遗忘（特别是近期的）。于是，我便准备了一个特别的开本（向上翻开纸页的），专门记载日常交往的、比较要紧的、容易忘却的事情。比如，1937 年南京中华农学会出版的陈嵘著《中国树木分类学》一书，经友人从国家图书馆借到了。顺告：1957 年上海科学技术出版社，又重印了此书，可以容易找到。又如，某些写作规范常忘却，——长划线是破折号；—短划线是指延续；～波浪线表示范围。百分数应写为 2% ～ 3%，而不能写 2 ～ 3%。温度区间要写 10 ～ 20℃，而不应写成 10℃～ 20℃。时间可以写 1 —2h（小时），不必写成 1h — 2h。角度表示为 3°～ 5°，不可写成 3 ～ 5°，凡此等等，记不住，写完再核对。反复使用，便记住了。再如，某些孤僻字往往要来回查大字典（如《辞海》《康熙字典》《汉语大词典》《中华大字典》），很麻烦。如果查一次在备忘录中记录下来，以后就简便多了。像糸（mi，音密）、楻（heng，音横）、鳦（yi，音乙）等。

以上仅是我个人这些年来收集资料的几种“老办法”，对于今天的青年朋友来说，似乎是昨日的“黄花”——太过时了。现在，有了 iPhone 、电脑，找什么都没有太大的困难。不过，老汉要提醒诸位一句：网上的有些东西，可靠吗？可信吗？在遇到特殊的情况下（如停电、发生故障等），能够顺利完成吗？

还有一点需要说明的是，这些攒来的资料，对我个人而言是相当宝贵的。然而，对别人而言，可能只是一些废纸。因为只有我才了解这些资料是从何处收来的、有什么参考价值，所以如果要用的时候，便能驾轻就熟地拿到它、读得懂、用得上。

经常查阅思量

对待资料不能让它老是在那里躺着“睡觉”，而应该使它“苏醒”起来。用什么办法能使死资料变成活资料呢？那就是要经常地翻一翻资料本、想一想遇到一些什么问题。具体地说，必须时刻力争做到“三问”：

第一是善于自问。曾子曾有“吾日三省吾身”之名言。这里所说的“三”是虚词，表示次数多。这句名言的意思是，我每天都要多次地反省自己的所言、所做、所想出现了什么问题，又如何加以改正。比较大的问题还要随时记下来，予以备忘。

第二是勇于提问。在查阅资料的过程中，有时候会想到一些“似是而非”的问题。但是，对待它们应该采取何种态度？很值得深入一步地考虑。有时候也会觉得这可能不是什么问题而被忽略掉，或者以为这个问题太棘手，绕个弯子而被放弃了。有人说：须知提出问题，有时比解决问题还要难。依我看，这一定是亲身碰过钉子之后的至理名言。

第三是不耻下问。《论语·公冶长》曰：“敏而好学，不耻下问”这句话是鼓励人的谦虚好学，不以向学识、年龄、地位比自己低的人请教为羞耻。学海浩瀚无边，只有不耻下问，才能使德业更加精进。五个手指各有长短，什么事情都不能以偏概全。我现在玩电脑就不如自己的学生，遇到了困难我就打电话，请他们来帮助解决。

俗话说：温故而知新，到底怎么理解？这句话来源于《论语·为政》："子曰：温故而知新，可以为师矣。"是用来形容人求学的认真，反复学习而不厌倦。简而言之，即温习旧学，求取新知。

一个人的"思量"，我不说思考、思虑、思想而选用思量这个名词。是由多年来我体会到：当自己在静静地想着某个问题时，一瞬间总是有许多影像混杂在一起，眼前的、昨天的、过去的，像在冒泡似的不停地跳动着、变化着，仿佛要发出吱吱声。这时候，捕捉一个最清晰的亮点，就是最好的收获。如果稀里胡涂什么也抓不到，心里就像打翻了五味瓶，酸甜苦辣咸，也说不上到底是啥滋味。读者朋友你有过如此的感受吗？

许多前辈学者指出：在进行科学研究时，详细占有资料的必要性。但这并不是目的，而是桥梁。当开始着手研究一项课题之前，必须掌握这个问题是如何提出来的？前人在这方面做了哪些工作，如何做的？还存在什么问题？等等。科技文献是科学技术研究的记录。系统地掌握国内外科技文献的状况，迅速准确地为生产与科研课题搜集有关资料，这对于摸清科学术术发展的水平动向、吸取已有的科技成果、避免科研工作的重复劳动和走弯路的现象，具有十分重要的意义。

科学是运用范畴、定理、定律等思维形式反映现实世界各种现象的本质和规律的知识体系，是社会意识形态之一。科学是人类智慧结晶的分门别类的学问。科学就是讲求证据，逻辑严密的人类认知。科学的定义：对一定条件下物质变化规律的总结。科学的特点即是可以重复验证、指出伪证、自身没有矛盾的。科普是科学普及的简称，也有人叫它科学传播。它的意思是，讲述科学的论据和结论，让读者明了此结论是可重复的规律的过程。

与之相反的是迷信，因为它就是不希望听者去验证，迳直让听者、毫不怀疑地接受讲述的观点。所以不经验证的接受方式，也是迷信。回想一下，我这大半生的经历遭遇过多少次、各种各样的迷信？！令人汗颜。迷信的敌人是科学，科学的追求目标是真理。科学的研究内容有二：第一是揭示世界万物的本质、特性和规律；第二是对万物的原有状态进行重组，使其成为有益于人类某种实践需求的物件。在对没有能力理解或验证的人们讲科学，应该叫启蒙教育或科普宣传。每个人都不可能是天才、全才、奇才，都会或多或少地曾向迷信权威、专家去顶礼膜拜，甚至不经验证而盲目相信。迷信并不可怕，研究之后便能用科学去破解它。

对于任何一个要研究的问题，甚至小到一个名词，都要寻找有关的资料弄清楚它的来龙去脉，就好像看到一片树叶，为了明白为什么这片叶子不是那样而是这样的。我们必须先研究这株树是怎样生长起来的，什么气候环境、什么土壤条件、什么开花结果，这才是开启一切知识之锁的钥匙。也才能够实打实地利用资料。

我攒资料的目的无非是为了研究、为了写作，为了工作。并努力地、细心地把资料加以充分利用。在结束本文之前，我突然想起俄国评论家普列汉诺夫说过一句调侃的话：（在利用资料进行写作时）“如果把红颜色抹在少女的脸颊上那将是美丽的；倘若搞错了地方，抹在鼻子上那就糟糕了。你说是不是呀？”

五

我上讲台

一切从零开始

1960 年年初，北京的寒冬尚未退去。我背着简单的行李，手里提着一箱子书籍、资料，从北京东郊（光华路）赶往西郊（马神庙），踏上新的工作岗位。那时候，西郊从阜成门外算起，只有稀少的几幢楼房，到了甘家口就是市内公共汽车的终点站了。在公交站以外，大部分是一垄垄的农田。我好像走在“乡间的小路上”。我暗自思量：真的，一切从零开始呵。

北京轻工业学院（以下简称“轻院”）于 1958 年夏天初建，校舍是利用原来的几栋旧房子。教员和职工的人数也不多，听说轻工业部正在陆续地从全国各地调人来这里工作。我们几个刚刚毕业、被分配来的单身大学生，连住处也没有，暂时借住在轻院旁边、全国“总工会”的一幢灰砖房里安身（图 5-1）。

图 5-1　刘仁庆在轻工学院门口（1960 年 2 月摄）

我们系里才有几名教师和教辅人员，在校学生也不多，实验室是几排平房。总之，一切从简，给我的印象比较“惨”。我报到后，被分配到的下属单位是造纸教研室。刚到3号楼的一个房间门口，就有一个红鼻头的先生，微笑地和我打招呼、握手。后来，我才知道他叫马瑜，是造纸实验室的负责人。马先生是我的顶头上司，他也是刚从北京造纸研究所调入的，大约比我早两三个月。

因为刚入学的学生为一年级，三年级才上专业课，所以我们除了筹建造纸实验室之外，没有其他的任务。我每天早上八点到平房，跟着马先生和另外3位实验员，忙里忙外，搬运、清理或放置玻璃仪器、化学药品和书写标签。下午到6点按时下班，去食堂吃完晚饭，回宿舍。一天天干着“体力劳动”，无所事事。

我一方面心里窃喜：嘿，这工作比研究所轻松多了，自由时间多多哟。可是，另一方面又感到彷徨：空隙时间，我干什么，又能干什么呢？这就是生活给我的第一个启示：什么事都有两面性，有利必有弊。不要尽打如意算盘，崎岖艰险，在所难免。时刻提醒自己：人生的道路绝不会一望平川、一帆风顺、一步登天的。

初次试讲失败

我在华南工学院读书的时候，树立的目标是：听党的话，做一个“棒棒的”造纸工程师，在工厂里大干一场，生产多多的纸张。继而到毕业分配时，我被分配到北京轻工业部造纸研究所，干的是科研工作。谁知现实又让我到大学去教书，仿佛是走“跳棋”似的：第一步工厂、第二步“机关”、第三步学校。我在思想上毫无准备，怎么能够如此快速地“转身”呢？

图 5-2
曹光锐（1916—1991）教授

既来之，则安之。我开始慢慢地调整自己的生活，抽出时间经常去图书馆，建立一个学习的外部环境。本来我只是一名小助教，暂时没有资格上讲台。突然有一天，领导告诉我：由于主讲老师生病住院，可能短时间难以康复。因此鼓励青年教师勇挑重担，提前开课。经过系里研究后决定：让我准备一下，首先进行一次“试讲”，以检查一下我的能力。

现在回忆起来还有点汗颜。在1号楼三层的一间大教室里，椅子上坐的不是学生，而是轻院的院、系、室的各级领导，教务处处长及科员，还邀请了北京师范大学教育学系的两位教授也到场，等等。这样的大场面，据说在轻院当时是“空前的”，事实证明也是“绝后的”。试讲由第一副系主任曹光锐主持（图 5–2），我还没有上台，心里就一阵子“发紧”，砰砰直跳，也弄不明白究竟是怎么回事。只是暗地里念叨，这不正是面临着一场“大考”（试）吗？！总之，我是怎么试讲的，讲了些什么，至今也模糊得很、记不清楚了……

前辈和领导对我的评议，包括讲课内容、姿态、板书等都提了一大堆意见。大家很客气地认为这次试讲可能是“准备时间不足，效果不太理想”，希望推倒重来。最后是主管教学工作的丁立之副院长讲话。他说：我们过去是不会打仗的，通过从实际战争中学习，后来不也是连连打胜仗了吗？教学也是这样，同一个道理。我认为，至关重要的是树立信心……

从此以后，在玉渊潭公园的八一湖畔，几乎是每天清晨都有一个青年人（他就是我），在那里“发神经”，时而对着水面大声朗读，时而打着手势在加重语气。周日还跑进空荡的教室里，在黑板上练习写“板书”。

我从失败中汲取了三条教训：头一条，要树立坚定的信心。对做任何事情——如讲课、实验等都不要有害怕的心理，要有“打赢”的决心和信心。

第二条，要做好充分的准备，一方面熟读教材，取其要点，摘出难点，突出重点，以利于掌握全部内容。另一方面要下班级了解学生的学习情况怎样？基础如何？使讲课具有针对性、启发性和全面性。

第三条，要弄懂讲课的方法。选择性地调整讲课内容，不照本宣科。学生自学能明白的内容讲堂上不讲，但要提醒他们必须阅读。采取以提出问题、分析问题和解决问题的顺序进行讲授。其间，介绍一点自己的体会，授人以“渔”，而不是给人以“鱼”。帮助学生提升学习的效果。

研究教学规律

当老师的天职——就像唐代文学家、教育家韩愈（768—824）在《师说》篇中所言："师者，所以传道、受业、解惑也"。我的体会是，在大学里当老师除了肩负此项任务之外，还要学会像"当演员"那样，一上讲台就要"进入角色"，一方面用自己的话把教材中的内容讲出来；另一方面要有激情，绘声绘色地把课讲好，让学生们被你的眼色和神态所吸引，跟着你不知不觉地进入到探求科学技术的境地中来。

要做到这一点，你必须真正地掌握所讲"这一门"课程的全部内容。并且能够融会贯通，运用自如，从容不迫，得心应手。为此，我实实在在地下了一番苦功夫。每天给自己规定读若干"书籍量"，写多少"笔记稿"，不完成任务不睡觉，这全凭"自我约束"的精神来支配，不接受任何外来因素的干扰。经过一段相当长时间的实践，终于有了收获。使我深深地领会了数学家华罗庚的"厚变薄与薄变厚"理念，当你还没有掌握这门课程时，自己感到教材是厚厚的、重重的；而一旦掌握了，就感到教材是薄薄的、轻轻的。书中的各章各节字句分明、重难疑点何在，如同洞若观火，这叫做"厚薄互变"的华罗庚氏理论。

写到这里，我不能不对我国的大学专业教材提点小建议：由于是从各个学校抽调部分教师来搞“统编教材”，彼此沟通不够，了解不深，分工执笔各写其中的某一部分，未发挥专长，“各吹喇叭不同调”。因此做出来的只是一个“拼盘”，而主编者又不是乐队指挥，仅仅是“维持会长”，对别人的稿子不好意思删改，生怕惹出是非，大面子过不去。尤其是教材没有设立审核制，或者有也形同虚设，写出的教材有错误，也很少有人去纠正。更令人不解的是，即便指出其中的不足和缺点时，还有如此滑稽的回应：“硬伤只算皮毛伤，教材依然很健康”。这正如天津人常说的一句口头禅：“嗑瓜子嗑出了个臭虫”。

有鉴如此，我在使用“统编教材”时就向学生申明：书本仅供参考。凡是没有听过我讲“这门课”的学生，要想取得好成绩，那是很困难的。因为我绝不会出靠背书上的定义就能回答出来的这类考试题的。而且我上课一不点名，二不“拖堂”，下课铃一响，嘎然而止，下回再讲。我的这种做法，很受学生的欢迎。曾有一则笑话说，下课铃响了，教师仍在口若悬河，丝毫没有结束讲课的意思。听课的学生一齐“呼吁”：“老师，如果你再无视下课铃响的话，千万就别怪我们无视上课铃响了。”

在教师中间有句“行话”，叫做“你若给学生一杯水，自己要准备一桶水”。这句“一桶水”的话，对我有很大的启示和帮助。因此，在我的备课教案中，经常列出有超过 2 节课时间的内容，把它作为“候补”资料。再根据课堂上的实际情况，临时酌情决定可讲或不讲。如此一来，就有充分的讲课信心。

据说对于演员而言，也有一句俗话，叫做“台上一分钟，台下练三冬”，这是至理名言。每一位上台讲课的教师，从这句话中也可领会相同的参照意义。如果平日不下些功夫，把讲课方法结合自己的具体条件深入地加以研究，而以为只要有一本书、有一张嘴就能很好地完成教学任务，那无疑是像天津的相声演员马三立所说的那样“逗你玩”。

掌握各个环节

在校的学生仅仅通过在课堂上的一般听讲来学习，是远远不够的。老师应该运用以下方式督促和检查他们的学习效果。比如布置作业、撰写报告、进行考试等。这些常规的教学环节，一般人都很清楚。但是，我个人的做法却有点“异样”。布置作业的目的，不仅是让学生弄懂所学习的内容，并加以应用。而且要教会学生看书的方法，要一段一段地而不要一个字一个字地去读，使字变成句子，明白其中完整的意思。还要学会使用工具书，特别是专业工具书，要起到“一石三鸟”的作用。

专业学生的学习除了书本之外，还应该有现场或社会调查，我采取的办法是让他们自选题目，经过我同意后去工厂、博物馆、商场，甚至找专家进行采访，等等。最后写出科研报告，由我评定结果。

至于考试，那是为了向教务处“交差”。考试成绩只占 70%，另有平时成绩占 30%。有的学生平时成绩好，期末考试偶尔“摔一跤”，最终成绩仍然可以列入优等。我曾经通过各种方法，收集了各个设有造纸专业学校学生期终考试的试卷，作为附带考题让本校学生同考。结果，学生的回答的成绩均甚好。他们以为本校所出的考题太活，没有标准答案，让人有些为难。

总而言之，通过让学生多种形式地自学，尤其是学会查参考资料，引经据典，自我判断。又通过各种作业学会应用，利用实习，学会做调查分析。以考试带动学生去对所学的这门专业课程进行全面总结，体会要领，学到精髓。让学生真正地学会、学好、学活。为日后参加工作，奠定比较坚实的基础知识和应用本事，这就是我教学的目的。

立志许身学术

早先我并不了解什么是造纸，也没有思想准备把自己的一生、去为造纸事业奋斗的意愿。只是因为 1955 年考大学没有考好，一下子“被分配”到这个冷门行业。后来勉强去广州读书，有幸的是在大学里受到冯秉铨教授一句话的启发，才立志做一个造纸工程师而已。后来谁知阴错阳差，我被踢进了“象牙之塔”的大学。于是乎，我的想法就产生了“蜕变”。特别是到达北京之后，耳濡目染，又接触了诸多名家，我受到极大的鼓舞和教育。他们告诉我：在大学任教，必须有修身养心的悟性，做一个甘坐冷板凳的学者。对一门功课要具有钉子精神，钻研下去，水滴石穿，看破红尘，耐受寂寞，少问世事。由此可知，许身学术，当一名学者，是多么的不容易呵。

放眼望去，有的学者一辈子就考证一本书，有的一辈子就研究一个人，有的一辈子就调查一件事。何以能够如此？我想：除宏图大志外，依照狭义观点来说，一是兴趣所至；二是独立钻研之理念在支撑。从而使他们具有了认真扎实、严谨不苟、雷厉风行的工作态度；又有不分昼夜、锲而不舍、金石可镂的求学精神，实在让人尊敬和感动。面对如此之多的学者、大师们，我实在有点无地自容。于是，便下定决心，“晨钟暮鼓”地学习，“程门立雪”

地请教，多想多问，联系实际，拿出“拼命三郎”的架势发奋用功，勤读书、做实验。遇到困难，不耻下问，兢兢业业，努力工作。回想起在“三年困难时期”的那些苦日子里，尽管上边号召“劳逸结合”，那时我住单身宿舍，集体户口，缺粮少油，经常饿肚，居然“发明”了用暖瓶冲开水泡15根挂面来充饥。即便如此，学习上仍专心致志，从不懈怠；上讲台依然故我，意气风发。每当忆起过去，往事历历在目，表明无论何时、何地、何事，我都是矢志不渝也。

作为一名“候补”学者，对待学术问题应该保持有何种态度？我曾经有一段长时间，陷入迷惑的泥潭里，难以自拔。举一个例子，比如我国发明造纸的原因究竟是什么？过去我也曾抓住《后汉书》中一节200多字的记载，死抠着有没有“造意”两个字不放。还自以为：无论大小发明，仅仅是一种个人行为——这是不全面的、孤单的、肤浅的看法，也是对科学性认识差劲的可怜表现，应该反省和检讨。其实，人类的发明活动是一个漫长的历史过程。这是因为哲学引导科学，科学产生技术，技术改变世界，所以技术发明决定历史长河奔流的前进方向。我为了探求发明造纸这一影响人类文明的重大问题，查找了世界科技发明史，翻阅了我国历代的太监制度，还细读了各种版本的中国通史书籍，终于获得了比较清醒、全面、合理的认识。由于古代的任何科学技术，都具有相当大的习惯性和保守性。因此如果不到严重的“危机”时刻，是绝不肯轻易地退出历史舞台的。

这里，我们应该注意到一个历史现象，即汉代发明了造纸术之后，纸张与竹简（还有少量的木牍和缣帛）曾经共存了200多年的时光。直到东晋时期的太尉桓玄（369—

404 在世）发布“以纸代简”的命令之后，方才在社会上广泛流行起来。为什么会有这一段缓冲性的“空白”时间呢？这与竹简的“危机”有关。我国的历史气象资料表明：从东汉末年开始，黄河流域天气日渐趋冷。直到公元四世纪前半期，寒冷达到了顶点。这是近五千年来我国历史上最寒冷的时期，除极少数地区以外，黄河流域大面积的竹林消失了。竹林的消失立即产生了“危机”，直接涉及作为书写材料的竹简数量，且日渐锐减，情况越来越严重。那时候，随着中原地区的竹林大批地衰亡，只有迫使人们去设法尽快地使用树皮、禾草等来制造纸张，以填补书写材料不足的“缺口”。这不是好用或不好用的的问题，更不是价钱便宜或不便宜问题，这是资源危机带来的必然结果。所以说，殊不知发明造纸的原因，除了社会政治因素、经济文化因素、个人能力因素之外，还有一个重要的自然环境因素。

当纸张被大规模生产和推广普及起来之后，纸价肯定会不断地向下调整，让社会百姓都能买得起、用得上。历史典籍上的记录表明，唐宋时期的纸价已经相当便宜了。这时候，纸张已经广泛地渗透到社会、思想、文化以及百姓日常生活之中，纸的黄金时代已经到来了。其后，中国的造纸术向东、向南、向西传播到世界各地。让全人类共同享受这项科技成果，作为最早发明造纸术的炎黄子孙，难道不感到无比自豪和幸福吗？

六

我做研究

什么叫研究

据《辞海》（2009 年第六版缩印本）的第 2192 页上说，所谓研究，直白点说就是钻研、探求，诚如《世说新语·文学四》中说：“殷仲堪精核玄论，人谓曰莫不研究”。还有另一种说法，也就是商讨、考虑的意思。这正是：若将以上两点合二为一，自然会明白无误。因此，对于“研究”这个概念，是应该首先弄清楚它的本意的。我曾记得有一位著名人物说过：搞研究必须要有兴趣、有激情、有劲头才行。否则的话，就是一杯“白开水”——没啥意义。当然，也可以有“以任务带研究的”，正如张瑞芳主演的电影《李双双》中有一句台词：“可以先结婚，后恋爱嘛，怎么都行。”

我在什么时候开始搞研究的？真的不记得是何年何月了。鄙人自小就有个“臭毛病”，遇到什么不明白的事，总爱打破砂锅纹（问）到底。如果得不到满意的回答，就会感到“不舒服”，千方百计地非要弄到“水落石出”才肯罢休。我想，真正的研究，就是顽强地追寻搞清楚事物的“庐山真面目”，不怕苦、不怕累、不图名利、不计成败，朝向目标，勇往直前。

在我参加工作后的几十年生涯中，如果把研究的课题“排队”数一数，自然也不算少。但是，留下最深印记的只有两个：一个是对木素的研究；另一个是对宣纸的研究。前者，因不知道天高地厚，以失败告终。后者，根据“自己体重找砝码”，总算得到少许的收获。现在，“削枝强干”，把这两件事“回放”一番。其中或许有点什么教训或经验，可供后来学人或者读者们参考。

梦想未成真

先说一下木素（Lignin），这是造纸专业基础课——《纤维素化学》中的一个名词。它与制浆化学的关系密切。没有读过制浆造纸工艺学的朋友，是不会明白这个概念的深刻意义的。这个化学名词，不仅涉及制浆化学中的蒸煮机理，而且关系到未来的“生物质”制浆、漂白的诸多问题。然而，揭开它的真实结构与化学活性，又是何等困难哦！

我之所以要搞这个题目，那是在五十多年以前，即20世纪50年代我在华南工学院学习专业基础课的时候，听到杨之礼老师在课堂上介绍木素（又称木质素），感到十分新鲜后留下的印象。他说：木质素最早是由去日本大学学“农艺化学科”（系）的“中国留学生”从东瀛引进过来的。它在我国林业界习惯上叫做木质素。而造纸界将其简称为“木素”（多年以后，我曾听北京轻工学院的张玉范老师说，这个译名可能是天津大学陈国符教授最先确定的）。它是植物纤维中所含有的三大化学成分之一，其他两种化学成分——纤维素、半纤维素的化学结构，已经有了很多的研究结果，基本上弄明白了。唯有木素由于太复杂，至今还搞不大清楚。在国际上虽然有许多学派，都在致力于探索这个问题，例如苏联的沙雷金娜、瑞典的黑格隆、美国的伯朗斯、日本的中野準三等，但深入地又被公认的研究新成果并不多。我记得在结束讲授木素这一章课的前夕，杨老师平淡而又简单地加说了一下：“你们将来如果有条件的话，可以在这方面努力地去试一试。”这句话对于作为一名青年学生的我来说，所起到的激励作用是可想而知的。在那信息十分闭塞的年代，国内研究木素的人很少，文献主要靠外文。俄文的资料有一点，但主要是英文、日文。这样就迫使我设法努力地进修其他外文，以补充自己语种上的不足。从而抄录和翻译了大量的木素论文和资料。

1959 年 8 月我大学毕业时被分配到了北京，去城南白广路轻工业部报到。后来又转派去轻工部的下属单位——光华路的轻工业部造纸研究所工作。当时我很兴奋，希望在理论上、实践上有所长进。于是，便利用所里图书馆里收藏的丰富的专业书刊资料贪婪地学习起来。当时的管理人员“老金”（本名金某某）破例地让我在每天中午“午休时间”进馆阅览，并教我学习专业英文，教材选定为美国凯西（J.P.Casey）著述的 PULP AND PAPER Chemitry and Chemical Technology 1951 年版（原译名《浆与纸》，后经华宁熙总工提议改译为《制浆造纸化学工艺学》）。

然而，现实给我的却是意外，研究所的工程师们长年累月地不是跑工厂，就是搞实验。我初入门坎，也跟着他们忙前忙后。不久，由于发生了一起事故——一个刚分配来的大学生，在做打浆试验时手指被切掉了。所长对我们这几个同时分配来所的年轻人进行了严厉的批评，说是因不遵守操作规程才闯了祸。我不服气，当场辩答了两句。不久，鄙人晚上睡觉做了一个梦：我被撵出了研究所。过后，一件我所意料之中的事情竟真的发生了，人事科高科长正式通知我：你被调往北京轻工业学院。于是，我便改行去教书了。

到了学校后，虽然这个新单位的环境和条件都不及研究所，但是自由活动的时间多了，还有寒暑假休息。除了日常的工作外，使我能够主动地支配自由时间，特别是借助北京优越的各种条件，能够寻找和拜访我国各个学科的领军人物——如高分子化学的钱人元、王葆仁；有机化学的张滂、杨葆昌等，并得到他们的热情帮助（图 6–1）。另外，还有许多图书馆、博物馆，中国科学院附属的各个研究所、实验室等，我都一一光顾。这样，一方面让我在如此浩瀚的科学大海里遨游；另一方面也能找机会向科学界的前辈讨教。从而提高了我的知识水平，也增长了我的才干。我暗地里下决心去啃这块“硬骨头”。

于是乎，我努力地收集有关木素化学方面的研究数据。转眼到了 1966 年年初，已经干了七八个年头了，我打算花十年时间（还有两年）和功夫去专攻“木素”。我所积累的资料厚度已达到一尺有余，撰写的文稿估计大概有 40 多万字（木素的各种结构式除外）。我想，自己的水平有限，势单力薄，再找两三位有能力搞有机结构化学的朋友合作，从理论和实验上共同来克服，完成这个“梦寐以求”的专题（有一个从苏联留学回国的姓王的“同事”，还开玩笑地叫我为“刘木素”）。

正当我埋头专搞木素的时候，一场史无前例的“文化大革命”巨浪汹涌扑来。我被扣上“修正主义苗子”的大帽子，揭发批判我的大字报贴满了整整一面大墙，围观者众。我被抛向了“风口”，心里忐忑，十分害怕。记得有一天下午，我溜进实验室，手里拿着一大包木素原稿，向实验员天津“二姐”（她本人被系领导称为“小吴”，却要求周围的青年同事呼她为“二姐”。另外还有“大姐”和“三姐”都是天津造纸学校 1958 年的毕业生）借用一下火柴。她好奇地问：干嘛？我说了一下原委，她想了一想，表示愿意代我保存这包稿子。我回答说，现在“运动”来了，大家都是“泥菩萨”过江。我不能“连累”别人，枉害他人。

图 6-1　张滂教授、杨葆昌教授给笔者的信

于是便一狠心，点燃火柴，多年心血，付之一炬！如今回想起来，内心仍然十分痛楚、茫茫然耳。

从此，我对木素就“金盆洗手”了。多年的生活经历告诉我：“命运”有时候就是要“作弄”人的，工作中的“逆定律”往往就是这样：在某些情况下，想要干的干不成，不想干的偏要你干。这叫做“永不生锈的螺丝钉”。我没有环境、条件和力量来搞这个难度极大的木素专题，只能面对现实，另找出路，再也不能够“异想天开”了。

与此同时，本人还深深地体会到：起初我跟其他许多年轻人一样，抱有一种天真幼稚的理想主义。总以为只要自己主观努力，不达目的誓不休，最后总会成功的。然而，殊不知现实中往往有很多不确定因素，暴风骤雨，急流险滩，如有人戏谑所言：“理想很丰满，现实很骨感”。带有幻想性和盲目性的奋斗目标，只会让人浪费精力和时间，最后以失败告终。一定要坚信个人的力量是有限，不要自不量力、好高骛远。如果遇到南墙，切切不可硬拼，以识时务为俊杰，“浪子”回头是岸好了。

刺激出结果

宣纸——中国著名的手工纸之一，现在年轻的朋友对它的了解不太多。无需赘言，这种采用古代传统方法制成（含青檀皮纤维）的手工纸（即所谓“土纸”），跟现代造纸厂生产的许多机制纸（即所谓“洋纸”），在原料、制法、性能、用途上都有很大的不同。我是怎么与宣纸结缘的呢?

1962年我和几个朋友到故宫博物院看“预展”，遇到了一张名家的书法条幅，到底用的是宣纸还是别的什么纸写的？看法不一。其中有一位朋友他知道我的学历，便好心地推荐道：他是学造纸专业的，让他说说到底什么是宣纸？这是不是宣纸？于是，周围人的视线不约而同地射向我的脸上。彷佛期待一个满意的回答。天哪！当时我的面孔究竟是什么样儿，没有人向我描述过，只觉得脸面发烫到耳根。我吱吱唔唔地搪塞道：“这个，这个，我也说不大清楚……”。我那时恨不得地上裂出一条缝来，让我钻进去才好咧。这一经历给我的刺激太大了，以至于多年以后，一旦回顾，便觉汗颜。

我带着埋怨情绪，回想起了在广州学习专业课程时，关于宣纸的内容，讲《造纸学》的何达湘老师只字不提，以至于让学生我今天处在如此尴尬的境地。然而，过去了

图 6-2 刘仁庆在手工纸现场留影

一段时间之后，我扪心自问：何必把责任全推在何老师身上？大学教材上不论述、课堂上老师不讲授，肯定是“顺理成章”的事。这么一想，我的心情自然也比较“平和”下来了。

在初次接触到陌生的宣纸（手工纸）之后，使我在思想上突发了一个新的飞跃：一定要从现实出发，深入实际，从理论上和实践上搞清它的来龙去脉（图 6-2）。从此，我就开始着手寻查中国宣纸的相关资料，借以充实自己。但是，“踏破铁鞋无觅处”，宣纸的资料何其少焉！即使有，也只是寥寥几字，语焉不详。致使我陷入深深的苦恼之中。后来，我又多次（包括自费）深入到宣纸的重要产地——安徽省泾县进行学习和调研。

通过不断地努力，积累了资料，提高了认识。由于过去在脑子里有愚昧无知、先入为主、各取所需的思想方法作怪，导致走了不少的弯路。因此，下决心铲除剪刀绳索式的“盆栽”，斩断脚带腰缠式的“畸形”，去培养自己独立自主、自由思考的治学精神。我试探着走不同的研究路径，例如过去别人用100或200倍的光学显微镜来观察造纸纤维，我则采用5000到10000倍的电子显微镜来进行实验。只要有可能，就更多地使用现代化的仪器分析手段，需要像激光显微光谱仪、红外光谱仪、X衍射仪等新设备，只好四处寻求朋友们帮助，以利于更深入地开展研究，从而获得了一批新的研究成果。

从1962年我开始关注宣纸、学习宣纸和研究宣纸以来，时光过得真快，转眼间20多年过去了。在此其间，我阅读、学习过的、在国内外书报上刊登的宣纸文章，居然有几百篇之多。1986年我决定把半个多世纪（1906年算起）以来，在有关书、刊、报上发表的、我能收集到的宣纸文章进行一次汇编，几经周折，终于在1989年以刘仁庆主编的《宣纸与书画》之名，由轻工业出版社正式出版，向海内外发行（分别有平装本和精装本，约请著名书画家张仃老先生题写书名）。这本书发售后，得到书画界人士的密切关注。他们认为：该书系统地整理相关资料，对宣传有悠久历史的中国宣纸、保存华夏优秀的民族文化遗产，确实做了“前人还没有来得

图6-3 《宣纸与书画》《国宝宣纸》书影

及做”的好事。2008年年初，我又想把自己多年研究宣纸的结果撰写一本书，书名定为《国宝宣纸》，向祖国和人民汇报，作为庆祝中华人民共和国成立60周年的献礼（图6–3）。

当我把书稿送到出版社后，他们获知近年内已经有3本介绍宣纸的专书——或以史料角度、或用文学笔调、或依生产流程等出版了。不过，那时市场上还缺少一本以科普的手法，向社会读者宣传宣纸知识、扩大宣纸影响，展示宣纸闪光点的小册子。总之，需要一本给老百姓看的、宣传宣纸的书。于是，我决定改变章节、改变写法，调整内容，削枝强干，书名不变。针对非专业的人士的需要，写些他们所想、所用、所问、所求，即大家比较感兴趣的题目。经过多少个白天加黑夜，我手不停笔，“点击”声声，终于脱稿，一句话：我尽力了。《国宝宣纸》于2009年9月由中国铁道出版社出版，向全国发行。在北京的国家图书馆，还把样书陈列在大厅的宣传柜里，面向广大读者推荐。

长期以来，研究和宣传宣纸的一些文章，参差不齐：有广征博引，洋洋大观，深入浅出的；有囿于纷杂，犹同嚼蜡，不忍卒读的；有资料不准确，道听途说，以讹传讹的。而通俗易懂地、浅斟低吟地、画龙点睛地描绘宣纸的基本特点和特色的文章，实不太多。笔者不揣陋见，以斗胆对几十年以来的有关宣纸的著述，进行了收集、整理和分析，在此基础上才初步尝试写出了自己的认知，公开出版了这本新著。然而“杜诗韩笔愁来读，似倩麻姑痒处搔”，书中仍有瑕疵、缺点和不确之处，纵有隔靴搔痒之嫌，却不愿藏拙，呜呼！“丑媳妇总要见公婆”，只好求教于诸位贤达大方了。

醒来是早晨

搞研究的第一步就是积累资料。没有资料，好比耕耘没有种子，压根儿谈不上会有收获，所以说资料是研究之本。收集资料则是研究中极重要的一环。收集资料不要想一口吃出个“胖子”，要细水长流。在我很困难的时候，曾经在中国科学院情报所资料室工作的夏工英同志，帮我借阅了各种中英科技资料。还有一些朋友，见到了与造纸有关的材料、报纸，或抄录或剪下，然后邮寄或转手交给我，使我很是感激。虽说是“收资”的方法有多种，如阅读法、询问法、记录法、备忘法等。而我还新奇地发现了另一个特别好的“朋友法”，它让你“视野”扩展、辐射向四面八方。当然，这样的朋友并不多见。

在有了相当数量的资料以后，还有一个关键点就是进行归类、消化、整理工作。经过仔细思考后要从资料中榨取“精髓”，犹如把地下抽出的“原油”（石油），经过化工处理提炼而获得汽油、柴油、煤油和其他多种多样的化工产品似的。如此，才能转变“死资料”，发挥它的“活作用”。

此外，从实践中我又慢慢地体会到：寻求研究的方向和方法，事关重大，需要仔细思考、慎重而行，切忌过于草率。

例如，从热力学理论上已知设计永动机是不可能成功的，我们还有必要继续搞下去？又如，有些植物从基本数据和知识上了解不宜用来作为造纸原料，我们何必又去做试验？再如，利用现有的长网造纸机，机械地去抄造宣纸，事实证明不合适，达不到理想的要求，还有必要去摊开、推广吗？凡此种种，都需要慎重行事。如果既没有理论支持，又没有新的思路和新的手段，那么宁可“暂时停步”，也不必“急于求成”。

因为本人要研究宣纸，必然要对中国造纸术的源流弄明白，必然要把手工纸的历史、制造、应用搞清楚，必然要涉及纸的发明与发展等一系列问题。所以由此三个“必然”，又牵扯到中国的传统文化、纸文化，于是研究的范围逐渐向外扩展和延伸开去。这样一来，研究中的辐射思维，即与此主题相关的内容，统统都囊括进去了。直到此时，我才逐步地、清醒地认识到：造纸的内容，岂能“孤立一木不见林”，应该包括三个方面——即手工纸、机制纸和纸文化。等我一觉醒来，方才领悟了从前并不明白的那些道理。

如果估计一下，今天中国的造纸界，研究手工纸的人占 0.1%，那么研究纸文化的人可能只有 0.01% 了。在 20 世纪 50 年代，还有几位老人家不遗余力地在呼吁国家“扶持”一下手工纸。而今天，虽然他们已逝去了，但他们的知识和经验也随之消失。我曾对部分已故的造纸专家的家属进行了采访和了解，结果是什么也没有留存下来。一晃很多年过去了，每当我获知“忍看朋辈成新鬼”之时；又加上媒体宣传保护“非物质文化遗产”之际，往往自感肩上担子之沉重。我想：手工纸和纸文化的研究中有一些问题，如果我不去做，恐怕无人愿意认真地去做，我的年岁已大了，现在只能“只争朝夕”。于是，翻箱倒柜，找出昔日收集的资料，思前想后，伏案提笔，点击电脑，对我国的古纸和手工纸着实地研究起来。因为古纸是手工纸的“先人”、也是机制纸的“祖宗”，华夏子孙岂能“数典忘祖”乎？

这些年来，我对宣纸情有独钟，并认为她是“华夏之宝”，全凭着一股“犟劲”往前冲。我私下自定课题，锲而不舍，投入了不少的精力和时间，并为之乐此不疲。我在宣纸研究的活动中有些什么想法、认识、困难、喜悦？凡此等等，一言以蔽之，即是我怎么走近宣纸、品味宣纸的？在一篇长文、两本宣纸专著（《宣纸与书画》《国宝宣纸》）和撰写的几十篇文章中，对这一段历程进行了翔实地回忆和记录，希望能够获得读者善意的理解。

中国造纸业既古老又年轻。说其古老，是中国古代造纸术的发明已有近 2000 年悠久历史；说其年轻，中国的机制纸史才不过 100 多年。进一步细分细说，中国造纸产业的高歌猛进就在近 60 年，尤其是近 20 年间。中国造纸业，崛起振兴，纵横盛世，彪炳史册。造纸业作为产业文化的记录者、传承者和促进者，在中国文化的大振兴、大繁荣、大发展时期，应该发挥更大的积极作用。

手工纸是我国纸业中的“另一块庄稼地”，受苏联专家的言论影响，中国造纸界从上到下，多年被忽视。由于要办世界非物质文化遗产的事情即“申遗”工作，据说文化部想去抓，并组织人员进行全面调研。我关心手工纸多年，但人微言轻，上级部门和领导有自己的想法。本人只能呼吁一下而已。

现今如果你想要研究古纸、手工纸、纸文化等，必须深刻地认识到这不是一项简单、轻松的任务。有4个需要：一需要有为我国之学术奋斗的高远志向；二需要发现和探究新问题的能力和眼界；三需要几十年以上“如一既往”的恒心和信念；四需要有无怨无悔，甘心坐冷板凳的精神，方能有所建树。今天我们面临的是一个追求金钱的时代，这个时代很多人的特点是急功近利和短视抠门，以上这四个“需要”的门槛，是不是算太高了一点？

人贵有自知之明，毋庸置疑。人是否会有“运气”，这要根据自己的已有条件、客观环境而定。如果能抓住机会，扬长避短，有所为、有所不为，以坚持到底的精神干下去，成功不会遥远。这里有三点要求：第一个是责任，面对如此辉煌的大业伟绩，是我们义不容辞的责任。第二个是期待，希望从中汲取一点心得、体会和力量，以便对自己的事业做进一步地理解。第三个是学习，不班门弄斧，活到老学到老，要体现大家对自己的帮助和教育。同时，要反映出人们、社会之间的复杂关系、自己思想活动的轨迹，不怕暴露落后、丑陋的一面。切不要为情面而讳，为风气而惑，为压力而衰。

“文章千古事，得失寸心知”。研究学问是一种探索，只有“论深说浅”之分，没有“彼对此错”之别。同时，学术问题是一个认知过程，要尊重科学，要互相学习，要实事求是。各个学科的参与者，必须谦虚谨慎、戒骄戒躁，倾听各种意见。要提倡百花齐放、百家争鸣，要鼓励和欣赏发表各种不同的观点和学说。实践证明，真理是愈辩愈明的。从学术讨论上说，任何轻率随便、霸道武断、动辄否定别人不同意见的做法，都是没有必要、完全不可取的，我们应当引以为戒。从文化意义上讲，在学者们的学术交流当中，“求同”要比“立异”更加重要！我们要平心静气，不带成见，谦虚谨慎；我们还要提倡“北京精神”（爱国、创新、包容、厚德），更要提升自己的爱国情怀，增强自己的创新意识，拓展自己的包容心态，铸就自己的厚德品格。我们希望能多一些互谅、互助和互勉，以达到一起研究、共同提高之目的。

七

我写文章

要从记日记开始

我从上初中二年级起，受到“国文”老师朱忱先生的影响开始记日记。可是，不知道到底该记些什么。篇篇都差不多，不外乎是早上几点起床，洗漱、出门、“过早”（湖北话，即吃早餐），上学校。上午上什么课、下午上什么课，晚上在教室上自习。天黑了，回家睡觉。每天记的都是一些芝麻事、豆腐账，如同“小和尚念经”，天天如此，十分乏味，不堪卒读。自己也觉得很伤脑筋，越写越不想再写了。

有一天，在路上我遇见了朱老师，便向他请教一个问题：怎么记日记？他说，找个“礼拜天”到我寒舍里来谈一谈。在20世纪50年代初期，中学的师生之间主要在课堂上见面，这种反“家访”的现象是极少见到的。我怀着忐忑的心情，终于走进了他的“宿舍”。

进门后，我毕功毕敬地向朱老师鞠了一躬。放眼小房间的四周：桌子上、椅子上，甚至地板上到处都摞了一些什么书刊、报纸之类，乱七八糟的。他好像早有准备，手里拿着一本书，嘴里轻声地说道：“来，来，来坐下，不用客气”。朱老师指着一旁的小板凳说。这一幕，因为是第一次，过去60年了！至今我还记得清清楚楚。

朱老师看了我写的日记，一边鼓励我说：你能开始写就不错了。一边指导我说：记日记要抓住要点，不是流水账。还说：你看一下这本书之后，就可以大致地明白日记的一些写法了。原来朱老师借给我看的那本书，是我国三十年代在武汉扬名的、湖南女作家谢冰莹（与北京女作家谢冰心双双齐名）写的作品：《从军日记》。今天的青年读者，恐怕很少有人听说过这本书吧。

后来，我又慢慢地找了一些日记体的文章、书籍来阅读，自己也从中学到一些写作技巧和方法。上大学之后，我痴心未改，因为当了学校“周报”（《华南工学院院刊》）的通讯员、记者等。出于工作需要，又记了许多本日记。遗憾的是，在史无前例的“文化大革命”运动初期，我害怕“惹祸”，暗地里把这些日记本统统处理掉，并内心“发誓”，以后再也不记日记了。不过，现在回想起来，通过这么多年记日记的经历，其显著的收获是：锻炼了我的毅力，理清了我的思路，同时也提高了我的写作能力。

新近有媒体报道，根据心理学家的研究发现，写日记能增强人的自尊心，让人变得更自信，甚至有利于减轻生活中的烦恼和焦虑感。青年朋友，如有兴趣不妨试一试？看看到底效果怎样？老同志呢，若是仍然“心有余悸”，那么就姑且“作罢”算了。

文章、稿件有区别

我由记日记起，逐步地走向写文章到写稿件，似乎是沿着这样的轨道进行的：从收集素材（当原料）、打磨加工（发构思），直到完成作品（点主题）等“三步法”。在日记或备忘录里，把自己平时的所见、所听、所读、所想的点点滴滴，逐一记录下来。然后，再从中挑选一两个有思想、有意思、有意义的主题，再逐步写下去，最后初稿完成，放下手来。过一段时间以后，再仔细地推敲、修改，慢慢定稿。

有人说过，写文章是三分技巧七分“选材”。材料从何而来？来自生活、来自读书、来自观察、来自积累，这话很有道理。不过，我还要添一句选材来自思考。因为我们日常接触的人和事，多如牛毛。是不是都值得去写？否！还要从所选的材料中提炼出有教育意义、感染人心的内容和主题。这就需要用脑子好好地想一想，从中抽出最重要的内容，再进行拟题、起草、修改、定稿等。在这一连串的写作过程中，思考是绝对不可缺少的。

我认为：文章与稿件是两个不同的概念。文章是什么？我的体会是，文章不一定拿出来公开发表，可以自读、可供友人参考。其实，不论是写日记、书信，还是写请示报告、工作总结，都可以视作是写文章。通过写文章可以锻练自己的观察能力、思维能力、总结能力。文章涉及（或者说影响）的读者范围可能是有限的（非公开的）。但文章与稿件又是相通的，两者可以互变。难道说被编辑部缓用的稿件都不是文章了？有时，此刊不用的稿件，“改换门庭”，几个月甚至一两年之后又被彼刊发表，变来变去，十分有趣。只要不是“一稿多投”，则是可以被允许的，对不对？

稿件是著作，目的是向大众进行宣传，一旦公开发表便成为社会的公共财富（享有著作权）。写稿件的注意事项，一是明确对象（读者是谁）；二是主题鲜明（宣传什么）；三是文责自负（绝不能有抄袭、剽窃等学术不端行为）。

我还认为：口语与文稿也是有差别的。口语是说话，文稿是书写。一般而言，前者芜杂，拖泥带水；后者精练，干净利落。“出口成章”这句成语的意思是：话说出口就符合规范，意思表达清楚，形容“口才”好；也形容学问渊博，文思敏捷，堪称文化水平高。它的原文出自《淮南子·脩务训》。出言成章，这是一句夸奖别人的、好听的话。切切不可理解为一说“出口”就成文章，一字不动，就拿去当稿件发表（这是坊间传言，殊不可信）。我在一篇文章里写道：“就寝后随意翻阅，调理思绪，莞尔一乐，安然成眠”，这句话只有 19 个字。若换成用口语说，那就是“当我上床准备休息的时候，将拿在手里的刊物随便翻翻看看，浏览一下，清理自己脑子里的思维活动，偶然见到有趣的文章，便会开心一笑，不久就安稳地闭上眼睛睡着了”，共有 69 个字。瞧，两者字数相差 3 倍多，口语显得特别啰嗦、没有文采。

文章经过慎重地修改之后，若找报刊或媒体发表就变成稿件了。所以说写文章与写稿件是有细微区别的。我曾经做过编稿、审稿方面的工作，对此还有点不同的看法。一是关于编稿。因为杂志收到的稿件很多，作者的写作风格各异。同时，又因为受版面限制，刊登时要做一点调整、压缩和删节，这原本无可厚非。所以为了保证刊物的质量，对来稿需要做点编辑处理（如订正来稿的笔误、错别字、标点符号等），是完全必要的。有的作者不明白这一点，声明我的稿子一个字也不能改，显然出于误会，不可取也。

二是关于审稿。因稿件有多种，如科学研究论文、工业技术报告、经济理论评析、文化艺术随笔等，作者的写法各异。故专业刊物的编辑部在约请审稿人员时，必须由在某一方面具有特长、文化涵养较高的专家来担任。我国造纸业内的个别刊物，有唯“技术至上”、思想僵化的倾向。发表的硬性稿件较多，而软性稿件较少。据我猜想可能至今还受到“苏联情结”阴影的影响，其仿本就是以前的苏联《造纸工业》（бумажная промышленность）杂志，再加上一点“欧美味道”搅和而成。君不见，他们之间的栏目、格式岂不都是同出一辙乎？

关于审稿，再举一例：有一次，某刊收到一篇带有点软性的稿件，约请了“外审”。审稿者提出，该稿内容比较随意，有点“笔随意行，信马由缰”的感觉，部分内容与题目的关联性不高。而作者却认为：本文采用的是随笔体，从一开始由对“纸”的不认识，一直到今天希望“纸”发达兴旺，都是通过作者与纸的有关文字，相识、相知、相恋而联系起来的，这就是文章凝聚的主旨。因此，看似“天马行空”的描写，实际是经过“形象思维”后设计的。倘若不明白它与“抽象思维”的区别，那就没有什么话可说了。“他以为我离题，我实际在联想；他不屑随意，我却在发挥。文艺的关联性是隐性的，如果什么都直白出来，哪里有含蓄、意趣可言？”当然，我们也反对胡写、呆写、乱写。“百花齐放”嘛，只要符合办刊的方针和要求，应该允许各种稿件在版面上出现，“文责自负”，是不是？

我想杂志上刊出的稿件，最好要“杂”一点，长短结合，硬软搭配，不要都登硬性文章（蹩脚的“论文”“报告”，即使愿交版面费，也不要发表），软性文章就是以“事”或以“人”而发，以“情”感人，能够激起读者阅读的兴趣，调动读者与作者、编者的互动积极性。这样的文章更能拉近编辑部与读者之间的距离，取得良好的共鸣效果，也能较大程度地提高刊物的影响力。

多想多改出华章

按照一般科研的套路，首先是选题。其后去找参考文献，摘抄主要内容。再后是拟出试验计划，做出添置设备、药品的经费预算，让公家或自行采购。待一切准备就绪之后，就开始动手进行“攻关”了。

然而，写文章则不必如此，可以简化成我前边说的“三步法”。过去，一支笔、几张稿纸就可以了。现在，坐在电脑前敲击键盘已成事实，写作工具更先进、更省力了。不过其中最重要的是：有思想、有激情才能迸发出灵感，有了灵感才能有源流、笔下才能写出好文章。当然，诚如胡适先生告诫他的学生唐德刚的一段话：读书有心得一定要写下来，写下来之后，才能变成你自己的知识。凭记忆是靠不住的，时间会使它变形“走样”，甚至消失，想修改也没有基础。何况丢三挪四，写得干瘪瘪的凑合，那又有什么意思呢。

所以，我们应该在平常的日子里，遇到感兴趣的任何一件事，或者说历史上任何一件事，都要仔细地多想一下，勾起对过去积累的知识和资料的“反刍”，再加以判断选择：究竟哪些事值得去写？加以“去伪存真，推陈出新”。

季羡林先生有一句名言：“没有新意，不要写文章”[1]。有时，你写的东西，别人早就发表了。此时唯一的办法，就是忍痛割爱，另起炉灶。我记得苏联作家高尔基曾说过一句话，大意是写稿件是一项社会劳动，白纸黑字，斧头也砍不掉，发表后它是要对历史负责的。因此，稿件写完之后，必须进行“冷处理”——最好放它几天。过一段时间重新审读，遣词造句，专挑毛病，不停地修改、补充，以臻于完美。

有的人扬言，自己写东西很快，“一遍就过”，从不修改。如果这真是事实，当然“顶好”，是有本领、水平高的表现，令人佩服。但是，依老汉我个人的经历和认识，这仅仅是稀世“个案”，决不是普遍现象。我希望更多的年轻人还是谨慎一点，勿求快、力求稳、更求好。从电脑上大段大段地“引用”一些未经核实的材料，错误百出，这个教训还少吗？我审查过一些稿件，深感这种浮躁的作风，会带来“很差劲”的影响。作为一个普通的作者来说，决不应该沾染“老婆是别人的好，文章是自己的好”这种陈腐的旧观念，更不要藏有投机取巧、急于求成的心态。总之，既不要“唱戏转身拍屁股——自捧自”；也不必“对着镜子喊王八——自骂自”。编辑当然也应该尊重作者，保持他人的写作风格，尽量少改动、甚至不改动。但是，见错不改，怕得罪人，还要你这个编辑干嘛？

除了自行动手修改文章之外，拜师学艺、请教高手，又是一种力求上进的好方法。写作隶属人文科学，这门学科十分重视“师承”的作用。良师可以迅速把你带到专业学科的前沿；良师可以帮助你打掉浮躁的毛病；良师可以

[1] 季羡林．我的人生感悟 [M]．北京：中国青年出版社，2006：94．

提高你探究、鉴别的能力；良师可以培养你宏阔深湛的学术意识。总之，有良师指导，就能懂得追求学问、珍重学问、深入学问，还可以少走弯路，尽快地“入门”，比自己“瞎摸”强得多。

1961 年我这个科普门外汉，有幸结识了两位科普界的良师：一位是写《算得快》的科普作家刘后一，这本书曾发行了几百万册以上，社会影响很大；另一位是苏联伊林科普作品的翻译家符其珣，出版书籍很多。这两位老师在写作上对我的帮助，使我终身难忘。他们从文题直到结尾，细致地指出应该如何安排、怎样修改，才能脱离俗套。他们让我慢慢懂得了什么是学术论文，什么是科普资料，什么是技术报告，什么是科普短文，什么是生产实践，什么是理论探讨，以及什么是科学小品，什么是科普创作，等等。更重要的是了解了怎样写文章、怎么改稿件。总而言之，归根到底，要写好文章（或稿件）有个“改字诀”，这就是：一改、二改、三还是改！

八

我搞收藏

收藏有起因

多年前，依稀记得是1964年吧，我在北京轻工业学院教书的时候，见到一个学生精心收藏了我国三年困难时期（1960—1962年）全国各地的许多粮票、布票和生活杂品票，他使用了一个大开本、灰黑色的相册来夹藏。给我印象很深的是上海市的半两粮票，它只有手指头盖那般大小，纸又挺薄，稍不小心喘口气就会把它吹跑。北京市的2两麻酱票、半斤点心票，尺寸也跟普通邮票的大小差不多。广州市的肥皂票不仅票面不大，而且印得模糊不清。还有其他地方的火柴票、牙膏票、酱油票、瓜子票和虾米皮票等幅面也很小，这可能是为了节省用纸之故。这些票证的图案，设计粗糙，画面单调，双色印制，完全称不上是“好的印刷品”。或许也完全不能与收藏印刷精美的邮票、钞票等票据相比，具有什么经济价值。可是呵，这是历史的见证。我问他收藏这些有什么用？对方答曰：好玩。

受到他的感染和启发，于是乎我也零打碎敲地搞起了收藏（实践证明，没有毅力的人可能会半途而废）。对于收藏的认识，我是一点一滴地懂得的。倘若“宽点”地来说，是为了保存千秋万代的稀世遗物（不必一定是珍宝）；“窄点”而言之呢，是今人认识历史的可靠根据和实物资料（这么说大概有点“拔高”的意味)。因为我没有太多的精力、时间和金钱来玩“大收藏”(诸如夏商甲骨、春秋铜器、汉唐石玉、宋元窑瓷、明清书画等),所以总想去找寻或选择点“另类”的小玩意,就是从人们习以为常的感觉中挖出一点“漏”下来的新的意趣。其他诸事何尝不是同一此理乎?总之,希望与我学的专业有一点联系为好。后来,我逐渐才明白这样做实际上是研究纸文化的需要。

若干年前,我在进行科普创作时,因为一时找不到某个科学家的画像,所以就从报刊上把有关的科学家头像的插图收集起来,以备需要时选用。后来,日积月累,愈积愈多,内容也不断扩大。开始还有点“功利”主义,设想着出一本科学家画像图册,可是按照市场经济规律,出书谈何容易。正如俗话说的那样,越想娶个俊媳妇,越是找不到靓老婆,人世间发生的多数是“事与愿违”的逆规律。那些插图用不上,只好滞留在自己的手里。这样一来,鄙人的情绪便受影响,逐渐淡化,但并没有放弃的念头,只是积极性少了一点。

此后有一天,我参加了一个会议,无意中听到会上有人提出:搞宣纸的人应当多多了解中国书画家们对用纸的要求和希望。这句话突然在我脑子里闪出一道明亮的火光:中国书画家?古代、近代、现代有多少?长得什么样子?于是,便“改弦易辙”,就到朋友家、图书馆四面八方地打听。此后,我又发现:中国书画家们的画像何其少也,不论是自画像还是他画像,都难以与西方画家相比,法国画家凡高生前穷困潦倒,毕竟也留下了十多幅自画像。我们呢?古代的极少,现代的多数只有本人照片。我想收藏的是他们自己的画像——包括漫画、版画、国画、速写、素描、油画、水粉画等（画家乐于画别人），还真不容易哪。

人物画原是绘画中的一个重要种类，而人像画本应该是“重中之重”。在我们这个具有“谦恭君子”之称的国度里，好像有不宜随便画人像的习俗（民间有“不吉利”“勾灵魂”之说）。使得至今有许多著名人物、书画家名落孙山、不识庐山真面目。例如明代药学家李时珍的画像，长期以来都以现代画家蒋兆和创作的作品为主。

图 8-1　李时珍的两幅画像（右：蒋兆和绘）

可是，在 1994 年 12 月 31 日的北京《健康报》上，发表了北京医科大学程之范教授的研究报道，在该校图书馆古籍部里收藏有明代版的李时珍木刻画像，与蒋兆和画的有相当大的差别（图 8-1）。我就是如此这般地到处觅求古今中国名人、书画家的画像，闲来无事，翻翻看看，自娱自乐，消磨时间，岂不悠哉？或问有什么“崇高”的目的吗？吾家淡然答曰：好玩嘛！

随意有目标

收藏，据说是发自民间，有多少种呢？恐怕谁也说不大清楚。试着查一下《辞海》（1979 版缩印本），第 1465 页上载：收藏，《史记 · 秦始皇本纪》“吾前收天下书不中用者尽去之。”最早的收藏，原来如此，真是出乎我的意料。然而，实际上的民间收藏，主要有两部分：一类是金石书画、陶瓷玉器、纸币邮票、宫廷用品等古董高档收藏；另一类是些“小玩意”，如地契、婚书、信札、请帖、电报、报纸、家谱、名片、公文、粮票、布票、火花、路条、聘书、年历、火车票、飞机票、客车票、花名册、月份牌、藏书票、毕业证、荣誉证、出生证、身份证、介绍信、教学计划、公园门票、毕业分配单、杂志创刊号等。前者需要大投资，搞不好会倾家荡产。后者都是一些小玩意，窃以为大凡具有 20 年以上时间的老旧物品，集中在一起，说明一个主题，表现一个时代，都可以作为收藏的对象。当然，单独、零星、无系列的收藏，则意义较小，很难引起社会更大的关注。总而言之，收藏是知识与快乐的积累，通过对藏品的收集和把玩，着实学到了许多知识，同时也感受到它的文化内涵，乐在其中，获益匪浅。

一般老百姓若想搞个人收藏，决不可能是吉光片羽，绝大多数是残砖碎瓦。而天下的精品，几乎全数收藏在帝王之家、富豪之宅、名士之柜内。普通人千万别存有幻想，企图通过一件收藏来个一夜发大财。2008 年 3 月北京的马未都先生在中关村的一次图书签名活动会上说：搞收藏别老想着钱，希望大家更注重文物的文化成因和社会背景。这话说得十分在理，即使是收藏家，也有“漏眼”之处。何况若不是专业搞收藏的人，可能获利的机会很少、很小，甚至没有，我们应该以平常之心来对待之。马先生还有一个观点值得注意，他认为：任何从时光中已经消亡的东西，就有其生活背景、文化含义和历史价值。它代表了这个国家、民族、群众的生存、生产和发展的一个脉络，构成了人类社会的各种万象，启示了历史前进的方向。从某一个事物的诞生直到死去，反射了自然法则的规律性。说白了，就是可以从一粒砂子去观察世界。

我搞收藏之目的，简单点说就是为了“好玩”，其核心是一个“纸”字。这是与一般收藏者完全不同的，换言之我搞的是纸品的收藏。其对象，就是把与纸有关的物品留下来，日积月累，积裘成多。由于我本人对纸张有偏爱，因此把古今中外、新旧大小等各种、各样的纸张、纸板“韩伯郎”地都囊括当成一种收藏品，这显然是“小众”的收藏。回首几十年来，我的搏击与奋斗的历程，不难看出其间的多少波折，抛去了多少时间，洒下了多少汗水。所得到的意想不到的乐趣，更加丰富了对我所学造纸专业的理解和领悟。

对于普通人来说，纸无所谓优劣，一用了之。但是，对于造纸的相关或下游的行业来说，比如印刷、包装、绘画、制图、博物、商业、物流、海关等，有多一些对纸的认识和知识则是有益的。收藏一些纸样不是什么麻烦事，仅是举手之劳，留此存照。对于书画家和藏书家来说，选择历代生产的名贵用纸，是至关重要的。我国历代造纸工艺的代表性实物，其价值终被人们所认同。宣纸，滑涩适度，吸水吸墨，宜书宜画，在宋、元、明、清代内府书画创作和刻古籍善本史上“纸墨是否精良”多有考究。唐代的写经笺、粉蜡笺，宋代的金粟笺、仿澄心堂纸，明代的宣德纸、磁青纸，清代描金笺（纸）和开化榜纸，晚清及民国生产的玉版宣纸、罗纹宣纸，都代表着那个时代造纸工艺的高水平。

近年来，市场上古代书画和古籍善本价格如日中天，造假时有发生，但伪制前人的书画作品和假充善本，专家通过对纸作一番分析后，鉴别书画、古籍的真伪就多了一条硬指标“红线”：唐以前主要以蔡伦之法造纸，有网纸、麻纸、楮纸，唐代始有硬黄纸，唐末有薛涛笺，到五代北宋始有澄心堂纸，有黄白经笺，可揭开使用。宋代纸粗厚而且绵，宋版书纸质坚韧，宋人书画多用澄心堂纸，卷册之类多用黄色藏经纸。元代纸纹细而薄，用胶矾，因此元人书画易于脱损。元版书字瘦硬而纸薄。明代纸的顶峰在宣德年间，书画家最喜欢使用这一时期的宣德纸。清乾隆性喜奢华，故清朝华贵纸品如蜡笺、洒金笺、彩笺、图案笺、花纹笺、金箔笺等层出不穷，甚至还出现了 3 米以上（粘连法）描有花纹、涂蜡撒金的纸笺。民国时期宣纸中有属特大净皮宣纸类的，具有质白如玉、色泽美雅、纹理清晰、吸墨适中、墨韵清晰等优点，深受国内外书画家的喜爱。

与一般意义上的收藏品不同，古纸的收藏不仅体现在藏品自身的历史价值和文化价值上，更体现在始终蕴涵着的使用价值上。这种使用价值，将随着收藏时间与日俱增。因此上乘的当代宣纸在存放过程中，通过不断吸附水分和干燥，品质会更加独特，润墨染色会收到神奇的效果。

甄别古旧纸笺首先要确定年代，如清初、清中期、清末和民初四个时期，明末崇祯至清代康熙年间的好纸较少，乾隆时期的古纸最为名贵，嘉庆时期的纸笺多为仿前朝制品。了解各个时代纸的特征，对书画的真伪和古籍的鉴定就不难作出判断了。如“开化纸”是清代最名贵的宫廷御用纸，其产地在浙江省开化县。它质地细腻，极其洁白，帘纹不明显，纸虽薄而韧性强，柔软可爱。在清代顺治、康熙、雍正、乾隆时内府刊印书籍多用这种纸印刷。特别要指出的是，这种白色的开化纸上常留有一星半点微红色的晕点，“桃红”是其特征。难怪近代著名藏书家陶湘（1871—1940）最喜欢收藏武英殿版开化纸，被人戏称为“陶开化”，一时成为造纸界、印刷业之美谈。

当代书画家最喜欢使用的是明清时期的宣纸。宣纸之乡安徽泾县抄制上乘的品牌宣纸，独占魁首，先后于1911年在南洋国际权业会上荣获“超等文凭奖”、1915年又获在美国举办的巴拿马国际博览会金奖。民国宣纸主要散落在制宣纸的手艺人和收藏家手里。上乘的当代宣纸，在安徽的某些宣纸厂还有若干库存，这是手工纸企业的品牌竞争传统手段。比如20世纪70年代安徽泾县宣纸厂为“国画大师”李可染定制的“师牛堂纸”（图8-2），目前已达到了每刀10万元以上的价位，一张纸的价格在1000元以上。即便是20世纪六七十年代的普通宣纸，增值幅度也超出了近百倍。

图8-2 师牛堂纸水印纹

国画大师定制宣纸已经形成为新品牌，如师牛堂纸等。这种品牌的宣纸是在挖掘传统、研究古纸纸样的基础上，

图 8-3　师牛堂内合影

（左起：陆宗润、李可染先生之子李庚、刘仁庆）

针对画家创作不同性质的书画作品，特别研制出来的（图 8-3）。还有适用各类画作的需要，如书法中小楷、行草、楷书、隶书、篆书、榜书、题扇等，国画中工笔小写意、写意花鸟、大写意、泼墨等各种专用宣纸，就目前的生产水平都可以满足市场上的要求。

笺纸是古今文人雅士书信往来、唱和题诗的风雅之物，也是宝贵的历史文化遗产。花笺，又称诗笺、彩笺、笺纸、尺牍，是手札的载体，产生于南北朝时期，称“八行笺”，距今已有 1580 年的悠久历史。雕刻印刷精美的宣纸印花笺，形式多样，色泽古雅。花笺是历代文人作尺牍的载体，小小尺牍经历了简、帛、纸为载体的传承过程。到明代，花笺印刷集书画、文学、印刷于一体。明代木刻精印的吴发祥《萝轩变古笺谱》、胡正言的《十竹斋笺谱》，已成为我国历史上最早的笺谱巨制和古籍善本，名扬海内外。清代康熙、乾隆等帝王爱好书法，宫廷用笺纸或描金，或木刻水印，或织锦，描龙绘凤，富丽堂皇。如始出于清代康熙时期的梅花玉版笺纸，正方形，白色底子上泥金龟裂状冰纹，梅朵散饰其中，饰纹典雅精美。梅花玉版笺纸经涂刷、打蜡、泥金等繁复工艺加工而成，纸质坚厚，表面平滑光洁，是艺术性与工艺性兼得的清代加工纸。今有拍场上出展一张梅花玉版笺，右下角钤一隶字朱印“梅花玉版笺”，系清乾隆制，尺寸为 49.5cm × 51.5cm，成交价 32480 元。民国花笺的使用曾受到新文化运动的冲击，有所影响，但不少文人自制宣纸花笺，出现百花齐放的景象。大文豪鲁迅与郑振铎合编的《北平笺谱》却激发起文人雅士的幽古思乡的情怀。

纸的生活观

纸早已与我们的生活息息相关，甚至有一些与中华的文化、风俗相结合，而成为具有教育性、娱乐性、功能性的纸品。可是在一般人的眼里，一旦提起了纸，所想到的仅限于写字、画画、印刷、包装等，死死抱着这个“旧破罐子”不放，思路狭小得几乎成了一个“针眼”。诚如我在本题第二节“随意有目标”所说的那些“小玩意”，不都是二维性的产品么？

如今，时光进入了21世纪，纸产品早已超越两千年前发明时的初衷。它早已通过设计师们的构想，突破二维，朝着三维的方向向前跨出了一大步。世界上的材料——各种自然的、人造的材料，能够形成“循环链”，但既环保又低碳者为数并不太多。造纸的原料取自植物纤维，经过处理后抄成纸张，废纸回收了，再经过加工可以生产再生纸，这只是低档循环链的一个节点。当然，利用原浆或者再生浆都可以制作各式各种的纸用品。纸的应用的环保性，至今还没有被广大群众所认识，故需要进一步加大宣传的力度。

关于纸用品，古代的那些事情就甭提了。从在20世纪30年代开始，由美国芝加哥兴起的“纸衣潮”，大出风头。那时，不少大医院、食品厂的工作人员上班时一律穿纸衣

（外工作服），下班后扔掉，一次性使用再回收。而且，不少青年男女也常穿那种纸内衣裤，以减少洗涤的麻烦。多年前，我曾收藏了纸手术衣、纸床单、纸内裤，还有较早制作的“纸方便领”（搭配衬衣穿的片状形仿衬衣领，为节约布匹而时兴，早被淘汰了）等。据说，欧洲还出现了纸式婚纱礼服，可惜没有条件买到。搞纸的朋友，你们想到要去收藏这些纸用品吗？我们的现代消费意识能跟上去吗？

纸制用具也并不困难。用纸折叠做纸帽、编纸笔架、纸艺灯罩、纸花瓶等，早已成了司空见惯的事。现代人主要强调纸的环保性、色彩性和趣味性，以及更重要的创意性。有人设计一种“纸质鼠标垫”，拿一叠叠的单面纸（厚度约 3mm），用不干胶（只粘纸边）贴合而成一块纸垫，既利于鼠标滑动，还可以把什么手机号码、急事联络等信息随手写在纸垫上。不用了，揭开那页纸扔掉，仍是一块干净的鼠标垫，多方便呀！

此外，利用纸做家具，特别是为幼儿园配备的小纸凳、儿童床、衣柜等，更是五花八门。在我国，这些纸家具的起步比较晚。大约是 2008 年北京奥运会期间，鉴于以往外国举办过奥运会的城市，常在比赛场地使用纸质垃圾桶，它既方便又环保。受到这一理念的启发，本届奥运会的组织者联系有关公司、工厂制作一系列纸用品，包括纸质垃圾桶、纸质成绩单柜、纸质挡屏风、纸凳、纸球筐等，听说大大小小竟有 23 种之多。到了奥运会闭幕之后，这些纸家具并没有当废物统统抛弃或烧毁，而是通过拍卖会从奥运赛场走进老百姓的家里，被继续发挥作用。殊不知，纸家具涉及办公室、家庭、会展等多个领域，可以大显身手。利用简单的力学原理，采用纸箱板做成的纸凳，能够承重250公斤。而且经过防水、防火处理，遇水不会沾湿，阻燃时间有5分钟。纸家具的正常使用寿命为三至五年。可以以旧换新，循环使用，经久不息。2013年2月15日北京电视台播出了由北京信发包装有限公司设计加工的纸凳子——承受重量达400千克，单价5元。它既轻便环保，又价廉低碳，比火车站上卖给旅客的“小马扎”还便宜1/2。符合绿色北京、科技北京、人文北京的要求。

用纸来做自行车，似乎是不可思议的。其实，它所用的纸当然不会是普通纸，而是以原纸加工而成的钢纸、增强复合纸和由纸绳缠绕成管形再浸泡环氧树脂后制成的特种纸为材料，用来加工车架、坐垫、手把、后架等。只是前后两个车轮还要用橡胶，运动机构（如链条等）与普通自行车相同。纸自行车配件的特点是强度好、重量轻，其强度比塑料配件高过六成，重量比普通自行车轻五倍以上。前些日子，中央电视台曾经播出一则消息和画面，有个外国人在大街上骑着纸自行车灵活自如，十分潇洒，而且毫不费劲地两手一提，就把自行车拿起轻轻松松地走过街去了。

总之，当初纸张的应用，主要仍为书写用途。而随着科技的大发展、文化的大繁荣，现代化的纸用品在生活中日益显露出来。因此，现在我们收藏的范围绝不能仅限于过去的、古代的“老东西”。而要把眼光放远、放大，关注起眼前的、现代的“新东西”。您可要知道，在我们身边，每天都会有新事物出现，每天也会有旧事物消失，只是并没有引起我们的关注和重视。您可要明白，一旦到了有科学家和艺术家共同关心、开发纸文化之时，就是人类文明发扬光大向前大步迈出之日。到了那个时候，人们的生活也将发生重大变化，纸文化的功能即将打开一扇新的大门。

九

我看书单

书是人类进步的阶梯

多年以前，大约是20世纪50年代初，我还在念初中的时候，学校四处都张贴有一句宣传读书的标语，那就是：“书是人类进步的阶梯——高尔基”。这句话是苏联鼎鼎大名的著名作家高尔基所写的一句名言。“高尔基”在俄文中是什么意思？高尔基是一个人的笔名之略称（图9-1），他的原姓名是阿列克赛·马克西莫维奇·彼什科夫（Алексей·Максимович·Пещков）按俄语的姓氏规定：前边第一个是名字，中间是父姓，后边一个是本姓。俄国人通常是用本姓来称呼其人（好像我们常称的小张、老李）。而只在正式的、隆重的场合下才提全名，以示尊重。

图9-1 苏联作家高尔基（1868—1936）

彼什科夫出身贫穷，幼年丧父，11岁即为生计所迫在社会上奔波，四处流浪，贫民窟和码头成了他“社会大学”的课堂。在饥寒交困的生活中，此人通过顽强自学，掌握了欧洲古典文学、哲学和自然科学等方面的知识。只上过两年小学的彼什科夫在24岁那年在《高加索日报》上发表了他的第一篇作品。

当编辑见到彼什科夫时大为惊异，他没想到，写出这样出色作品的人竟是个衣着褴褛的流浪汉。编辑对彼什科夫说："我们决定发表你的小说，但稿子应当署个名才行。"高尔基沉思了一下说道："那好，就这样署名：马克西姆·高尔基（МаксимГорький）吧。"在俄语里，"马克西姆"的意思是"最大的"；"高尔基"的意思是"痛苦"。由此，他就以"最大的痛苦"作为笔名，开始了长期从事文学创作的生涯。这个笔名译成中文便成为"高尔基"了。

说完了高尔基本人，再说一下读书的意义。在课堂上，老师就告诉我们从哲学上讲，人类的一切知识分为两种：间接知识和直接知识，读书是一种间接知识，它又是直接经验的积累，也是传递知识的方式之一。亲身实践所获得的是直接知识；读书学习是间接知识。所谓的"书"，是把一部分人获得的知识更加广泛地予以传播，促进了不同地域、不同种族、不同年龄的人，进行文化和知识的交流与融合。因此，书在一定程度上便推动了人类的进步。高尔基所说的上述名句，就是鼓励学子们要好好学习，多读书，读好书。

当然，从较高层次来分析，人们所称的"书"也不完全是尽善尽美，也分好与坏，高与低，贵与贱。书就像我们的朋友一样，一位好的"朋友"可以使人变得更加聪明、完美；一位坏的"朋友"可以使人变的更加阴险、狡猾，凡此等等。当然，依不同的人、采取不同的角度，判断书的不同标准，也是不一样的。当然（又是一个当然），读书可以用两种方式开展：一种埋头学习；二种思考怀疑。埋头学习可以让人掌握更多知识，更快地进步。而怀疑可以发现谬误，进而推翻错误的论断，促进人类的进步。

书上的知识能够充实人的头脑，使人们能够从感性认识上升为理性认识。再通过去伪存真、彻底地认识世界，才能对其改变，然后人类才能进步。一般而言，人的认识就是在“书文化”中不断积累、扩展、深化，不断地向前进行的。读书是每个人一生的重要功课之一。很难设想，如果一个“知识分子”平日忙于吹嘘，不读书、也不看报，又怎么样能够保证自己思想的鲜活、可以跟上时代的步伐，又如何能够为社会服务、明智快乐地度过一生呢？由此可见，书之重要的价值和意义。

让我们重温18世纪英国哲学家弗朗西斯培根（Francis Bacon，图9–2）说过的一段话吧：读书使人充实，讨论使人机智，笔记使人准确。因此不常作笔记者须记忆特强，不常讨论者须天生聪颖，不常读书者须欺世有术，始能无知而显有知。读史使人明智，读诗使人灵秀，数学使人周密，科学使人深刻，伦理学使人庄重，逻辑修辞之学使人善辩。反复咀嚼，获益匪浅呵。

图9–2 英国文艺复兴时期哲学家培根（1561—1626）

读书最好有一个书单

说到读书，我是有点体会的。读书，本来没有什么规矩，完全按照个人的兴趣、爱好和习惯去选择。我在《我爱读书》一文中已有表述，那是主观的意见。而本文则是客观的介绍，或者说是向青年朋友们提出一个小小的建议。这也是老汉撰写本文的缘由。须知，对与错是主观性的；真与假是客观性的；美与丑是观赏性的；善与恶则是评价性的。

现在我国的出版业已十分发达，据记载：2013 年仅纸质书中国一年的出版总量已有 40 万种，70 多亿册。这么大的数量，要从中找到一本自己喜欢的书，犹如向大海里去捞针。怎么办？在商业化的出版业中，卖得好的书不一定是很好的书。所以“跟风向、随大流”买书是不可取的。多数的年轻人还不太明白，也不会搞一个什么读书清单。有鉴如此，我觉得介绍一点书单方面的常识是有必要的。

怎样去搞一个书单呢？其步骤有四个字：第一是“找”，书多、书名一大堆。第一步是要找书名，可以从上网、图书目录、书评文章或者友人处打听到。有时见到书名怪怪的，不必引起注意。一般来说，工程技术类的书名比较直白，容易找到。但是同类的专业书，雷同较多，良莠不齐，还需翻翻内容，才好决定是否值得去读。

第二是“记”，见到的好书要把书名立即记下来。最好把作者、出版社、出版时间，甚至还有版次都记在小本子（或小纸片）上。如方便，也可拍摄在手机里。倘若不记，消失之后再也回想不出来了，岂不可惜。

第三是“选”，书目多了要进行选择，要以“内容为主”，内容浅薄的、炒冷饭的、“逗你玩”的书，一概删去。这道“工序”也是不可缺少的。

第四是“定”，就是把在一段时间（半年或以上）内，需要阅读的书的清单列出来，不要太多，以 10 本为宜（可以重复）。按次序排列，依需要开读，切忌读了一半就放弃了。有的好书一遍是读不到头的。在此特别申明：我个人对网上、手机阅读不很“感冒”，故本文所谈的阅读指传统的纸质书，而与“电子”或“数字”阅读无关，敬希见谅。

有一次，我翻阅报纸，看到一则消息。就是《北京晨报》2013 年 5 月 20 日 A04 版上的报道：天津外国语大学英语学院学生张凯丽，在毕业时手里拿到了学校送给她的一份“书单”（借书名录），上面列满了她过去 4 年来从学校图书馆借过的 182 本图书的书目。她说：这份书单里蕴藏着自己在大学学习 4 年的心情与足迹。天津这所大学的做法很有意义，首先，这份书单是该生在校学习时读书的记录，很有纪念价值，值得珍视和收藏；其次，赠送书单也是对该毕业生的一种“精神鼓励”；最后，对于其他学生也很有启发和教育作用。

由此使我联想到，一个人的一生到底应该读多少本书？究竟是什么样的书？在互联网上，网友们发表了各种各样的看法。有人说，人的一生应该读的书，少者 60 本、多者 6 万本（按每本 150 ～ 200 页计算）。两者的差数实在是太大了。由此更让我想到季羡林先生在《我最喜爱的书》

一文中写道：我是研究人文学科的，我的书单，也就是我最喜欢阅读的书是：①司马迁的《史记》，②《世说新语》，③（晋代）陶渊明的诗，④李白的诗，⑤杜甫的诗，⑥南唐后主李煜的词，⑦（宋代）苏轼的诗文词，⑧（清代）纳兰性德的词，⑨吴敬梓的《儒林外史》，⑩曹雪芹的《红楼梦》。

对于每一个普通读者来说，视野不妨扩大一些。例如2013年2月10日《北京晨报》A13版推介的书单是“10本书伴您过春节”，即①《小说山庄》（小说），②《裸猿》（科学），③《乌合一之众》（社会学），④《不受人惑》（随笔），⑤《中国人的焦虑从哪里来》（经济），⑥《重说近代史》（历史），⑦《巨大的谜语》（诗歌，中译本），⑧《漫画世界》（漫画），⑨《学会提问》（思维），⑩《爱的教育》（教育，中译本）。

由此可见，每个人的书单，并不一定要相同。但是，我想至少有三点值得注意：首先，没有硬性的统一规定的标准，但要参考名人的建议，自主选择；其次，随着时间的流逝，各种条件或因素的改变，书单会有变化，总而言之，拟定书单应该是动态性的，不是一成不变的。最后，天底下的书是读不完的，一定在有限的岁月里找到适合自己的好书。口口相传是获取好书的渠道，至今在阅读中尤为重要。在自己行业或专业的圈内，找到、拟定、阅读、领悟、推荐这样一个良性循环，对每个虚心学习、努力向上的人来说，都是需要的。

书单必须为自己服务

写到这里，我不禁想起往事。我在念初中一年级的时候，认识了一位同校高中部的大同学，他的名字叫黄光耀（后改名肖弟）。此人有两个特长，一个是画漫画；另一个是爱看书。每到假日他带领我们几个小同学，不是画画就是逛书店、游旧书摊。那时候，汉口的书店、书摊特别多，书价也便宜。我们几个人分别买了不同的书（每种只买一本，省钱），定期互相交换阅读。黄光耀让我们大量地看，广泛涉猎，多多益善。可惜，他没有告诉要记下读书笔记，而是没有计划地乱抢、乱抓、乱吞，好像猪八戒吃枣子似的读书，不求甚解。不过，那时候我的年纪还小，广泛地阅读为后来的学习打下了比较牢固的基础，还是应该肯定的。

到了 1955 年 7 月我去广州上大学，学校的图书真不少，让人眼花缭乱，有点“老虎吃天——不知从何下口”之感。自打我立志下决心学习造纸专业之后，方向端正了，目标明确了，从此开始努力用功，绝不虚度时光。一般来说，我自我规定作息时间通常是（病事假除外）：每天早五点起床、晚十一点睡觉，没有节假日，寒暑假也不回家。那时，学校领导提出：“全面发展、因材施教、计划学习”的口号，本人身体力行。促使我在学习、生活中不断地进行摸索，逐渐对读书方法有了一点新的体会。因为结合老师要求我们进行“课前预习”，所以我就每每提早对教材、讲义进行了阅读，从而培养了长期独立自学的习惯。在20世纪50年代，因在“一边倒”的口号指导下，大学基础课的教材大都是俄译本；造纸专业课只靠油印的“讲义”。这些讲义都是授课老师从一篇篇俄文的造纸译文挑选而来的。在若干年后，我从北京轻工业学院外语教研室主任李方正（曾用笔名冰凌、冰林等在有关造纸的期刊上发表多篇俄文译文）那里获知，那些造纸俄文译文几乎都是他们几位的“习作”。难怪我读起来像踏进“云苫雾罩”里呢。更滑稽的是，据说那时（解放初期即20世纪50年代）的翻译窍门是把不明白的俄文专业名词，干脆采取用了“汉字近音”译法，这个俄文字他不懂，译出来让你也不明白。不过，我读这些译文以后却有了一个“意外”的收获，使我在日后阅读时经常带着三个疑问：是这样吗？为什么呢？应该如何？于是乎，我便拟定起自学“书单”（或称“读书计划”）来。从此依书单便有了新的读书套路。

在大学4年期间，我除了按学校教学大纲的要求学习外，还另搞一套“小灶”，就是计划把学校（华工）图书馆收藏的造纸专业书，统统地通读一遍。1959年年初，当我仔细地读完隆言泉教授编著的《纸浆学》（1956年增订本）之后，竟不知天高地厚，鲁莽地萌发出想写一篇书评。于是便把该文邮往上海，原想“试一试”，却在1960年7月上海的《化学世界》（第7期）发表了。不久，这篇文章偶然被隆先生的助教毛仙贞老师看见了，她想居然有人胆敢评论隆教授写的专业书，便向隆教授做了口头汇报。据说那时还经过与有关方面打听，但不知道书评的作者是谁，推测“他可能不是我们造纸界的人”（20多年后，在北京召开轻工学会成立大会时，在与隆教授交谈之际，他亲口对我这么说的）。以后，隆先生再也不提这件旧事，反而对我十分关怀，给予诸多帮助。仅举一例，1991 年 1 月 17 日隆先生（时任天津轻工业学院院长）在写给我的信中说：（图 9-3）……现在我不知你是以专业为重，还是以留北京为主？由于“北轻”没有造纸专业，你的才智得不到充分发挥，如你愿以从事造纸教育为终生事业，不留恋在（北）京的话，我倒有意问你愿不愿到天津轻院造纸专业来？如你愿意来津的话，我想学院领导是会同意的。你的夫人（医生）工作在津也不难安排……

写到这里，使我不禁联想到像隆言泉教授如此厚道谦逊、提携后学、德望永昭的前辈，在我们造纸界里恐怕还是不多见的。《纸和造纸》2012 年 6 月第 6 期的 68 ~ 73 页，曾刊登一篇题名：“隆言泉教授对我国制浆造纸学科建设及教育教学的贡献和影响”一文，

天津大学

图 9-3 隆言泉（1919—2004）教授及其手迹

读者可以找来阅读，印象将会更深刻一些。这些话扯远了，就此打住，还是转移到书单上边来继续说吧。

直到我工作多年之后，从学习和研究的实践中，才深刻地领会到自拟书单的好处。20 世纪 80 年代初，我为了全面、系统、完整地研究宣纸，订制了一个读书计划的书单（清单），开始拟定的是搜集从古代到近代有关宣纸的文献名录。

我充分利用节日假日、出差办事、带队实习的一切时间到各地进行调研，得到了许多资料。然后，花了很大的气力，在 1984 年夏天整理出了《宣纸》一书。该书主要内容有五个部分：宣纸简介、宣纸调查、宣纸研究、宣纸应用、宣纸拾遗，比较详尽地介绍了宣纸的历史、产地、制法、品种和应用等。这就是自拟书单所取得的成效。由于当年历史条件所限，这本书又经过安徽省、轻工业部两级保密委员会的严格审查、删节、批准，终于在 1989 年才改书名为《宣纸与书画》（刘仁庆主编）由轻工业出版社出版。

写到这里，结合我自己喜欢看的书，一般要符合如下几个条件：首先，要内容比较深刻，不太容易读懂。但一旦读懂之后，获益匪浅。其次，可以有不同的读法，可以一读再读，乃至终生反复地读。最后，格调脱俗，语言有特点，不装腔作势，且有内在的激情。我在下边提到的最近几年常读的 10 本书，大概都有这样或那样的特点，当然不一定全部占有。而且这些书是对自己影响最大的，它们是①鲁迅的《呐喊》，②沈从文的《边城》，③巴金的《随想录》，④巴尔扎克的《幻灭》（傅雷中译本），⑤曹雪芹的《红楼梦》，⑥程裕祯的《中国文化要略》，⑦陆键东的《陈寅恪的最后贰拾年》，⑧杨之礼的《纤维素化学》，⑨隆言泉主编的《制浆造纸技术讲座》，

⑩ 陈有庆等译《纸的性能》（中译本）。以上的几本书，摆在我书斋的书架上，随手抽出，随意翻阅。因为大都是读过多遍的书，只是想起点温故知新的作用。最后，我要再次强调一下，书单不是固定不变的，会因人、因时、因地、因兴趣转移而有变化。自拟的书单也仅仅是为自己服务的，绝不要形而上学。同时，读书是一种潜移默化地培养一个人的优秀素质的过程，一本书或几本书的读后效果，如果能够让你的心态变得更加积极、向上；情绪变得更加饱满、高昂，那就是好书，书单就发挥了它应有的作用了。

十

我作检讨

什么是检讨

从字面上说，所谓检讨就是检查和讨论，实际上指的是通过大小会议，找本人或本单位的思想、工作或生活上的缺点和错误，并加以评议和追究根源。全国各地区、各单位、各人民团体，经常要开各种各样的会议，少到三五人，多到百千人以上。全国每年开会的次数，多如牛毛，无法统计，其中检讨会占有相当多的比例。

现在的年轻人，很难想像在20世纪五六十年代，为了改造思想、追求进步，人人要开展批评与自我批评，其中最重要的一项就是做检讨。不论是开民主生活会上的口头检讨，还是向组织领导递交的书面检讨，总而言之，检讨越多，说明你进步越大。

改革开放之后，人们已觉察到过去的所谓检讨，是“虚”的成分多，“实”的成分少，意义不大。故而这种人为的“套路”才渐渐地退去，不久就烟消云散了。但是，我以为带有自觉性、主动性的检讨，并非完全没有必要，曾子曰：“吾日三省吾身。”这不是也提倡自律、自责、自爱么！

然而，我写这篇文章与过去的做法是根本不同的。我不是要在思想上、生活上进行什么自我批评，而重点是在性格上、学术上进行自我反省，并且紧紧地围绕一个纸字，把所说的内容与造纸联系起来，都是讲的本专业中的人与事，绝不是空穴来风。检讨来，检讨去，发现鄙人最大的毛病有两个：一个是脾气犟，另一个是“盲从症”。现在，请你接着往下看，好不好？

我的脾气罩

人人有脾气，老幼都一样。什么叫脾气呢？就是人的性情、性格，或者说是人的表现和态度。一般人以为，情绪急躁、容易发怒的人，说他脾气坏；情绪稳定、不易光火的人，说他脾气好。人为什么会发脾气呢？举两个例子，如果是几个月的小娃儿，一早醒来，哭啼不止，究其原因不是想吃奶就是要撒尿，或者哪里不舒服。归根结底：因为孩子的生理需求得不得满足，所以就用哭泣来发脾气！如果是成年人，在遇到困难、不顺心、特别烦人等事情的时候，很容易变得急躁、不安，甚至于大怒，即发脾气。这时，可能是这个人的需要没有立马得到满足。复杂点说，也就是他的生理需要、安全需要、利益需要、被尊重的需要等，没有得到片刻落实而促成的。人发脾气的表现形式有多种多样，花样百出，不胜枚举。最常见的是，人一旦发脾气，便口吐脏话，大声嚷嚷，胡闹不止。但也有另类的，听说，北京“人艺”的著名演员于是之（话剧和电影《龙须沟》中陈疯子的扮演者）一旦震怒，对别人、对自己不满意时，就会大发脾气，就用力摔碎自已的茶杯，这是极其愤怒的表现。

人发脾气时为什么容易说“脏话”？据研究，在生物进化过程中，人类大脑里有一少部分最原始的“边缘系统”，被保留下来。这种低级的功能区，往往又和人脑的情绪与本能连接在一起，形成了一个“脏话制造机”。一旦遇到有刺激、意外事件之时，脏话就会爆发出来，提高声调，进而放出脏话骂人。

由此可知，骂人是人类的原始本能，它还能缓解或减轻人受到的压力。完全净化人类的脏话几乎是困难的n次方，是一个“无穷大”的数字。世界各个民族都有自己的脏话，无一例外。文明与进步，才能遏制或减少脏话四处横流。但一直到现在，人若生气时，必下意识地说脏话，这是不可否认的事实。

我年轻的时候，很容易冲动，时不时地用武汉话骂人，贯用的粗话是四个字（此处省略）。到广州念大学，学会的第一句粤语是三个字“丢□□”。只是到了当老师“教书育人”后，这个臭毛病才有所收敛。进入老年，性格有了极大的改变，不大随便骂人，那是后话了。

我的脾气很犟，简直到了“顽固不化”的程度。当然，其中自有原因。举例说明，1955年8月我刚考入华南工学院之后，时任副院长的康辛元教授（图10–1），后来被选为广东造纸学会第一届理事会理事长，他在向新生做专业介绍中明确地指出：你们专业的祖师爷是东汉时期的宦官蔡伦，记住了吗？

图10–1 康辛元（1901—1972）教授

自从我下决心学造纸以后，随时随地关心本专业的所有“消息”（那时还没有“信息”这个词）。1958年的某一天，我在学校阅报室里翻看《中国青年报》(1958年1月5日），看见了一则报道，文题是“我国发明纸的年代还要上推好多年”。内容是说在陕西省西安市市郊发现了西汉古纸，还附有照片（图10–2）。我赶紧地把它抄下来，录以备忘。以后，在我脑子里就出现了问号：我到底相信谁？是老师还是报纸？

我到北京工作之后，心胸日渐开阔，眼光日趋深远。尤其是接触了一些名家学者，他们高尚的气节、认真的工作、谦逊和蔼的待人处世，使我从心底里感到佩服，也受到了深刻的教育，逐步地学到科学研究必须具有独立之精神，自由之思想，求真之理念，务实之风骨，遇事多问几个为什么？从我的成长过程来看，本人有自己的思想和认识，决不轻信古人的说法，也不迷信今人的结论。对历史心怀敬畏，对前贤充满感激，对事物要做详加分析——包括时代背景、环境条件、变化发展、人文因素等，做文字侦探，去破解迷津，以还历史的本来面目。

在此基础上，我还悉心地寻找证据，不唯书、不唯上，只唯实。后来，有机会得到了一小块“灞桥纸”的纸样，如获至宝。便设法与好友联系，选择最新的科学分析方法——扫描电镜、激光显微光谱、红外光谱、X 射线衍射等进行研究，从而得到了新的认识。

古墓出土殘紙片之一

我国發明紙的年代还要上推好多年

去年5月間，陕西省博物館接到了一个电話，是灞桥砖瓦厂打来的，电話里报告他們說：“我們在挖土的时候挖出来了兩只銅宝劍。”第二天，博物館派人去調查，把出土的文物檢查了一下，知道他們挖到了一个至少不迟于西汉武帝时代（公元前140—87年）的古墓。

古墓里有三件銅鏡，銅鏡下面有一些类似綠黄纖維作成的紙的殘片，顏色泛黄，質地細薄匀称，可以看得出制紙技术相当成熟。因此，我們又多了一件証据来証明我国發明造紙远在西汉以前，比过去史書上所記載的东汉和帝时代（公元89—105年）蔡倫發明造紙的說法，要早好多年。据现在我們的历史知識来判断，蔡倫对造紙事業曾經起了很巨大的發展作用，他曾經改进了造紙的原料，推动了造紙的事業，但他并不是第一个發明紙的人。

紙是我国古代劳动人民的劳动創造，而并不是哪一个个人的發明。

（田野）

图 10–2　1958 年 1 月 15 日的《中国青年报》报样

图 10–3
《中国古代造纸史话》封面

1975 年，我和胡玉熹合写的“我国古纸的初步研究”一文在《文物》杂志上发表了，我在该文章中提出了自己的新看法，没有引起造纸界的注意。接着，惹起麻烦的是 1978 年 7 月我写的一本小册子《中国古代造纸史话》（首次印数 44500，定价 0.25 元）。它在轻工业出版社出版发行之后，一股大浪向我扑来（图 10–3）。

首当其冲的是前轻工业部造纸局的一位姓李的“头头”，他认为：蔡伦发明造纸是历史定论，不容怀疑，不能推翻。跟着，打先锋的是安徽省的一位姓姜的造纸工程师，他写了一篇“檄文”，（他自己告诉别人）打印了 100 份，分别邮往各地造纸学会以及他认识的同行。文中说刘仁庆受“文革”左倾思潮的影响，否定蔡伦造纸，是天地不容的倒行逆施，是一种卖国行为，要“全党共诛之，全国共讨之”。更严重的是，后来中国造纸学会的一位主要领导约谈我说：你是学会会员，按照组织上民主集中制的原则，少数服从多数，要求我放弃西汉有纸、蔡伦不是造纸发明者的观点。否则，将要考虑我的会籍。当时，我心中咯噔一下，完啦。我是一只“小小的蚂蚁”，面对着部长级的“老革命”，只好一声不吭。事后，俺回头想想：哎，会籍嘛，无所谓，只要不开除我的“（地）球籍”，就算“谢天谢地谢祖宗”的好事了。

从此以后，我学会了承受和忍受，每逢“阿拉”遇到难题，再也不轻易张口说粗话骂人，而是转入“地下”（肚内），以“咯噔”一声来代替了。老实说，不论是张口或者闭嘴骂人，都是不文明行为，不足为训。可是，又难以控制。

追究人之所以骂人，除上述主观因素外，再补充一个客观原因，就是人世间既有可骂之人，还有可骂之事。有一本书中写道：马克思的战友恩格斯说过，从人类是由“动物进化”而来这一观点看，决定了人永远摆脱不了兽性。在人类兽性张扬的生存空间里，那种标榜自我“不会骂人、或者从不骂人”的扬言，这有将软弱、瞎话炫耀成为美德之嫌，完全是一种“客里空”行为，是在吹牛皮。反正不犯法，由它去说吧。

因此，如果把以是否骂人作为道德的唯一标准，本身未必道德。关键是看你骂什么人，骂什么。什么时候没有可骂之人与可骂之事，即何时环球迈进“同此凉热” 的佳境呢？到那时，即可实现梦想，步入天堂，世界大同。“我虽不能致，却心向往之。”对不对？

我有“盲从症”

如果把我的年龄画作横坐标，把发脾气（的毛病）画作纵坐标的话。那么，画出来的是一条由上向下滑的斜线。真的，发脾气很容易使人失去理智，有时甚至会使亲朋好友成为冤家对头，而对那些上了年纪的人来说，发脾气对身体的危害程度就更大了，这是令人苦恼和遗憾的。之所以我老来时发脾气的频率日趋减少，就是考虑到这一点，趋利除弊吧。

可是，我还有另一个不好的毛病，就是盲从症，或者叫做盲从性。在我对中国造纸史研究的过程中，开始时缺乏严谨的态度，看见别人怎么写，也跟着照抄。心想我引用他的资料，有错由他负责。殊不知这样做是不对的，既然引用也就是赞同，否则为何要引用呢？

我的盲从性突出表现在对查找古籍的迟疑态度上。为什么呢？长期以来，我们在古籍的保存、管理和使用上，存在有许多让人搞不明白的地方。例如，据我所知，中国国家图书馆查阅古籍要开介绍信，复印要收手续费（在复印费之外，另增加资料费 8 元 / 张），还要签协议（说明用途），等等。十分烦琐，非常不便。相比之下，国外有两家图书馆（例如，哥伦比亚大学图书馆和普林斯顿大学图书馆，对社会开放），不仅代查中国古籍、拍照复制，而且分文不取。说实在的，研究者要深入工作，是很辛苦的。查找古籍，一是太花时间，二是很费精力，三是开销费用，四是劳而无功。我希望未来国家的图书馆向查书者不再设置那么多门槛。

前一个时期，本着为传承中华民族的优秀文化遗产，我一头扎进了多家图书馆，去寻找中国历史古籍中有关纸类的一些资料。这一查不打紧，发现近几十年来出版的许多纸史书籍中，所引用的古籍资料与原文不符，掐头去尾，随便改字的现象诸多，很不认真，很不负责任，使我大感困惑。我国出版的造纸史，初步统计（按出版时间先后为序）截至目前共有16种：①中国造纸发展史略（黄天右，洪光，轻工业出版社，1957年）。②中国古代造纸史话（刘仁庆，轻工业出版社，1978年）。③中国造纸技术史稿（潘吉星，文物出版社，1979年）。④中国造纸术盛衰史（陈大川，中外出版社，1979年）。⑤造纸史话（林贻俊等，上海科学技术出版社，1983年）。⑥中国科学技术史 第五卷第一分册纸和印刷（钱存训，科学出版社，1990年）。⑦中国造纸技术简史（戴家璋等，中国轻工业出版社，1994）。⑧中华造纸2000年（杨润平，人民教育出版社，1997）。⑨中国科学技术史 造纸与印刷卷（潘吉星，科学出版社，1998年）。⑩中国造纸史话（潘吉星，商务印书馆，1998年）。⑪造纸史话（张大伟 曹江红，中国大百科全书出版社，2000年）。⑫中国古代造纸史渊源（杨巨中，三秦出版社，2001年）。⑬中国传统手工纸事典（王诗文，树火纪念纸文化基金会，2001年）。⑭中国古代造纸工程技术史（王菊华等，山西教育出版社，2005年）。⑮造纸与印刷（张秉伦 方晓阳 樊嘉禄，大象出版社，2005年）。⑯中国造纸史（潘吉星，上海人民出版社，2009年），等等。当然不是本本都有错误。但是，其中有的内容，或多或少地与古籍不符，只是无法在此一一记述。仅举两例，第一例，主要是对古籍原文不予核对，所错多有，一错再错。试看：上列的③号书是1979年北京文物出版社出版的，在该书的第109，118，119，212，218页，都写道：清代《三省边防备览·山货（造纸）》的作者是严如煜，经核对原文，错了！正确的应是严如熤（yi，音义）。第⑯号书是2009年上海人民出版社出版的，以上两书是同一个撰稿人。两书前后时间相差约30年，在⑯号书的第28，374—377，381，387，388，554页上，仍然不予纠正。为什么呢？会不会像天津相声演员马三立所说的那样，他要把广大读者当成了“小虎”，逗你玩？

第二例，有的书中对引用的古诗词很不严肃（包括网上的），囫囵吞枣，错字连篇。例如：清代文学家、泾县人士蒋士铨（1725—1785）曾作了首七言诗，赞美白鹿宣（纸），常被引用，影响很广。这首诗的大题目是：《南昌翟异水郡丞，以泾上琴鱼及白露（鹿）纸、藏墨、梅片茶见饷，各报以诗三首》，该诗是其中的第二首，原诗载《安徽省通志·泾县志》。诗的全文（图10-4）繁体如下：

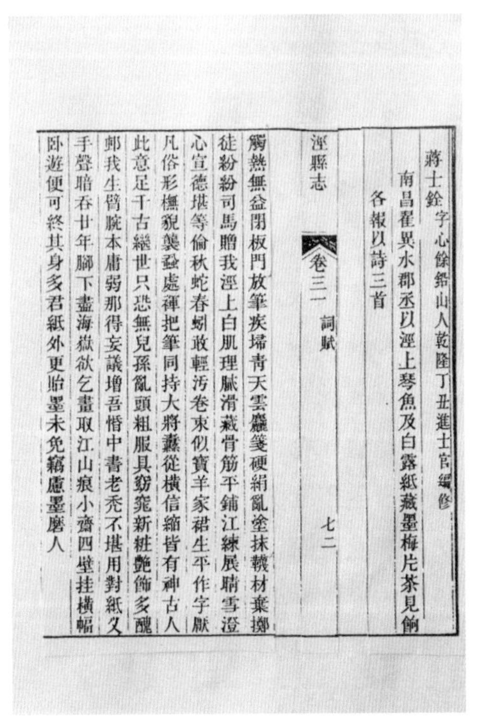
蔣士銓 字心餘鉛山人乾隆丁丑進士官編修
南昌翟異水郡丞以涇上琴魚及白露紙藏墨梅片茶見餉
各報以詩三首
涇縣志 卷三一 詞賦 七二
觸熱無益閉板門放筆疾埽青天雲麤箋硬絹亂塗抹韉材棄擲
徒紛紛司馬贈我涇上白肌理膩滑藏骨筋平鋪江練展晴雪澄
心宣德堪等倫秋蛇春蚓敢輕汚卷束似賓羊家裙生平作字厭
凡俗形橅貌襲蝨處褌把筆同持大將纛從橫信縮皆有神古人
此意足千古繼世只恐無兒孫亂頭粗服具窈窕新粧艷飾多醜
郫我生臂腕本庸弱那得妄議增吾惛中書老禿不堪用對紙乂
手聲暗吞廿年腳下盡海嶽欲乞畫取江山痕小齋四壁挂橫幅
卧遊便可終其身多君紙外更貽墨未免竊廬墨磨人

图 10-4 《泾县志》书影

觸熱無益閉板門，放筆疾埽青天雲。
麤箋硬絹亂塗抹，韤材棄擲徒紛紛。
司馬贈我涇上白，肌理膩滑藏骨筋。
平鋪江練展晴雪，澄心宣德堪等倫。
秋蛇春蚓敢輕污，卷束似寶羊家裙。
生平作字厭凡俗，形撫貌襲蝨處褌。
把筆同持大將纛，從橫信縮皆有神。
古人此意足千古，繼世只恐無兒孫。
亂頭粗服具窈窕，新粧豔飾多醜邨。
我生臂腕本庸弱，那得妄議增吾惛。
中書老禿不堪用，對紙叉手聲暗吞。
廿年腳下盡海嶽，欲乞畫取江山痕。
小齋四壁掛橫幅，卧遊便可終其身。
多君紙外更貽墨，未免竊慮墨磨人。

可是，这首诗被引用变成简体后，同时在网上流传，一查对竟有 14 处错字（诗内黑体字即错字）：

触热无益闭板门，放笔疾**帚**青天云。
鹿笺硬绢乱涂抹，**鞮**材弃掷徒纷纷。
司马赠我泾上白，肌理腻滑藏骨筋。
平铺江练展晴雪，澄心宣德堪等伦。
秋蛇春蚓敢轻污，卷**来**似宝羊家裙。
生平作字厌**风**俗，形抚貌袭虱处**辉**。
把笔同持大将纛，从横信缩皆有神。
古人此意足千古，继世只恐无儿孙。
乱**发**粗服具窈窕，新**装**艳饰多丑村。
我生臂腕本庸弱，那得妄**仪**增吾惛。

中书老秃不堪用，对纸义乎声暗吞。
甘手脚下尽海岳，欲乞画取江山痕。
小齐四壁挂横幅，卧游便可终其身。
多君纸外更贻墨，未免窃虑墨磨人。

第一句，埽（sao，音臊），疾埽，形容写字之敏捷、有力。第二句，麤（cu，音粗）即粗字的繁体字，不能简化鹿，鹿笺不通。韈（wa，音瓦）古代用粗麻布做的袜子，穿后很脏、无用。此字无简体。第三句，泾上白，是指泾县出产的白鹿纸。第五句，卷来系卷束之误。第六句，风俗系凡俗之误。虱是蝨（shi，音舍）的简化字，吸人血的虫子。辉系褌（kun，音昆）之误。古代称裤子为裈。第七句，纛（dao，音道），古代军队里的大旗。第九句，乱发系乱头之误。新装系新粧之误，装是穿着、安装，而粧即妆，是多指妇女修饰、打扮。第十句，妄仪系妄议之误。惛（hun，音昏），糊涂之意。第十一句，义乎系叉手之误。第十二句，甘手系廿年之误。嶽（yue，音岳），山川之意。第十三句，小齐系小斋之误。斋即书房。

这里，尤其要指出的是："鹿笺硬绢乱塗抹"一句中的第一个字，应该是麤字，由三个鹿字组成。原文是"麤笺硬绢乱塗抹"，就是拿粗笺硬绢胡乱地写画一气的意思，这样才句意通顺、讲得明白。现在被删去了两个鹿，剩下一个鹿。鹿笺是什么东西？让人搞不懂。还有"对纸义乎声暗吞""甘手脚下尽海嶽"两句，更令人未知所云。核对后原来应该是"对纸叉手声暗吞""廿年脚下尽海嶽"。再有"小齐四壁挂横幅"，小齐是什么？明显有误！应该是"小斋四壁挂横幅"。如此有 14 字之多的错误，让人不堪卒读。

我之所以花费如此多的笔墨来谈这件事，说明问题之严重，不可忽视。另外，本人还要特地说明，在我以前所写的文章和书籍中也犯有同样的错误，“人云亦云”，很不礼貌地把《三省边防备览·山货（造纸）》的作者名字也搞错了。现在，我诚恳地向广大读者致歉、检讨，并将以实际行动来改正。同时，希望那些有错误的人也检查一下，本着对读者负责、对社会负责、对历史负责的精神，知错就改，不要为了顾面子，坚持错误到底，行不行？

检讨的本意

鄙人在上边写了“一大通”，主要是检查自己在性格和研究上做得不好的地方。我经常是对我写的东西“发难”，故而提心吊胆，如履薄冰，深怕误导读者。尽管如今还有人做出不实事求是、十分低级的事情，但也不想再深追究。例如，我在研究宣纸上所发表的两篇重要文章之一（宣纸的润墨性），在被人引用文献时，居然删去我的名字只留下第二作者胡玉熹，而这篇文章却被国内两个造纸期刊（暂不指名）先后重复（一稿多投）发表了，实在不应该。表面上看，这可能是一个疏漏。其实不然，这种任意删节、各取所需的情况，还有抄袭、“炒冷饭”，在我们造纸界绝不是个别的，所在多有矣。这种很差劲的文风和不端正的作风，限于篇幅，今天我不打算展开，也暂不用“微信”披露，等待以后有机会再讲。

虽然本人脾气有点犟，但绝不会无事生非。经过多年的磨炼，吃了不少苦头，头上的棱角也磨得差不多了，脚上的茧子也长出来了。日月轮转，似水流年，使我终于明白了许多以前不懂的道理。有朋友告诉我，知人做事最起码的准则有三句话：第一句，工作时愿意多干的人，不是因为他特傻，而是明白责任；第二句，平日帮助你的人，不是因为他欠你什么，而是把你当朋友；第三句，吵架后先道歉的人，不是因为他错了，而是懂得珍惜。每个人心里时刻都要牢记：祖国、责任、谦逊、感恩！这样才能构造实现美好中国梦的和谐社会。说一千，道一万，写来写去做检讨的本意无非是为了化阻力为动力，丢掉包袱，轻装前进。最后，我做了一首小小的“打油诗”：

老刘不算老，文多好的少。
经常做检讨，防止成傻冒。

来结束本文。好啦，“古都拜！”

十二

我当编辑

稀里胡涂当编辑

1982年春，我被任命为某一个造纸专业杂志的编外的、兼职的、不坐班的编辑。后来，又做了几年主编。于是乎，便一只脚踏进了这个行业。开始，我对此还不十分了解。以为这项工作只是看看稿件，配合刊物的宗旨和要求，提点意见：录用或不用，如此而已。担子不重，满不在乎，当个撞钟的“和尚”就行了。

我大学毕业前夕，原来的理想是去造纸厂大干一场，当一名棒棒的专业工程师。因此，填写分配志愿时，关注点一个是工厂；另一个是边疆。然而，世间之事，变化莫测，好像总是要跟人做“躲猫猫”似的。方案公布时，我却意外地被分配到北京中央轻工业部报到。接着，又派去“部属”造纸研究所。再下去，被调往北京轻工业学院任教。

在大学里教书，有两个最大的优点，一是自由时间比较多，不坐班；二是有暑寒假，有大块集中的休息时间。这样一来，人的自由度就大很多了。虽然，我的主业是教学、科研。但是，因为时间大多数由自己掌握，所以灵活性较高。我能抽空抓点时间培训自己，同时也向一些搞编辑工作的朋友请教。

是谁把我推去当编辑的呢？简单点说，是领导。他们记得，早在20世纪60年代初期，我在《轻工业文摘》《造

图 11-1　办造纸刊物的四位发起人（由左向右：刘仁庆、张祁年、余贻骥、周志立）

纸文摘》上，连续发表翻译的文摘的数量很多，名列前茅。同时还在一些有关期刊和报纸上，时不时地见到刘仁庆写的大小块文章。留给他们的印象是：这个“仁庆同志”挺能写的，是个笔杆子。因此，当中国造纸学会想要筹办期刊的时候，顺理成章，自然而然地把我连搡带推、一下子“拱”了出来（图 11-1）。

现在，回过头公正地说，这些领导大多都是些外行。他们自己从未办过杂志，当然没有经验。殊知，当编辑与写文章并不完全是一回事（当然，有一些作家早期也当过编辑，如陈望道编辑《太白》，梁实秋编辑《宇宙风》）。让这些领导去主管搞“精神产品”生产的工作，简直是强拉“大姑娘上花轿”，在那里当乔老爷乱点“鸳鸯谱”。他们盲人瞎马，我则稀里胡涂。没有经过任何培训，借用一句“老八路”的口头禅：边干边学嘛。

常言说得好，说说容易做起来难。刚当编辑的时候，只选择那些知道的专业内容看稿，把生疏的稿件推给别人。但是，一本专业刊物，所涉及的内容广，栏目多。编辑必须是一个眼观六路、耳听八方的“杂家”。他应该具备分门别类的能力，虽不必门门精通，但也必需事事皆悉。而且还要有深邃的洞察力，超常的记忆力（文章标题和作者姓名，看一遍便能记住），快捷的判断力，同时还应有良好的人脉关系。而我这个书呆子，犟脾气，只会动笔写写，说话直来直去，不计后果。家学池浅，体差力弱。如果不经过一段时间艰苦的磨炼，哪里能够干好这件事情呢？

慢慢明白有学问

自从我进入这一行当之后，随着时光的流逝，逐步地对办刊有点兴趣，也有所领悟。20 世纪的 80 年代，创刊伊始，限于条件，经济力量差，出刊使用的是新闻纸或书写纸。印刷厂也找小型的，刊物质量平平。总之，尽量压低出版成本，以减轻读者的负担。开始出季刊，每期 64 ～ 72 页，定价 0.30 元，全年 1.20 元。

但是，我们办刊的目的，怎么能老在“找便宜”上兜圈子呢？在内容上，要给读者丰厚的营养。在外观上，要让群众获得美的享受。当然，纸张、印刷都不是随便凑合，可以不去精心讲究的。不过，从编辑者的角度，对刊物的安排、用心和打扮，却是很重要的一门“功课”，是很有学问的。每一期要刊出哪些内容，发表哪些文章？有几个专栏？还有哪些短讯做“补白”？不用说是要花费一番心思，就是一个标题的字体大小，一条直线的粗细长短，也都要再三斟酌（如今有的刊物每期的全部文题的字体通通一样，这样好吗？）。为了要尽力使期刊有一个谐调、一个风格、一个雅姿。必须费心、费力、费时，打造出自身的特色。这样，就自然而然地会亲近读者，贴近专业，走近社会。只要内容专业，紧扣主题，结合形势，即使没有什么特稿、高论，就如同家常便饭一样。虽只有白菜萝卜，鸡蛋豆腐，摆上来一看，干净漂亮。夹上一筷子，爽口宜人，谁不乐意吃上一顿呢？相反，满桌子摆上有鸡鸭鱼肉，山珍海味，可是，大盘小碟，不干不净，筷子上沾有油污，汤勺里留有毛发，鱼刺骨头，饭粒菜根，狼藉一片。这样的“宴席”，岂不叫人大倒胃口？

编辑工作是国家文化建设中的一个大行业。现在还有一些人真的不大明白这个事理，以为做编辑工作，只是要弄一下笔杆，帮助作者删掉或增补“的、时、再、要、吗”几个字。有人说，编辑是为他人做“嫁衣裳”，真是这样吗？非也。让我查一下《辞海》：原来编辑是要为策划、组织、审读、选择和加工“作品”的专业性精神生产的工作，是传播媒介工作的中心环节。编辑工作如果要细分，还有文学编辑、美术编辑、摄影编辑、图书编辑、期刊编辑、广播编辑，等等。编辑工作的门档太多，难以述全。我在这里，仅仅讨论一下作为期刊编辑，其基本职责有哪些？

关于传统上对编辑人员的职责要求，其中的大道理俺暂且省去不说。依我个人的体会，干这一行的人至少应具备以下三点：首先，要有兴趣。兴趣是推进工作、提高业务的“发动机”。如果对搞文字工作索然无味，不去咬文嚼字，勤查字典；不去推本溯源，寻找根据；不清楚法定计量单位、国际单位，也懒得或不懂得换算。显而易见，结果是不会令人满意的。说句实在话，在我接触到的几百篇（恐怕还不止这个数）以上的各处投来的造纸稿件中，写错别字、文句不通、词不达意者，所在多有。更别提乱用标点符号的，或是“一逗（号）到底”；或是句号连连，一塌胡涂，不堪卒读。我想：这并非是他们的文化程度太低，主要是马虎大意，粗心所致。编辑若也马大哈一回，那就不好办了。

另外，就是有少数来稿，稍加留心，便可发现是抄袭之作。多数是从网上成段、成篇下载的。如果不慧眼识珠，它将蒙骗过关，必然会给刊物“捅娄子”。因此，作为一名编辑，在看稿的过程中，如果看中了某篇来稿，就要按其主题和内容，先发通知作者询查投稿情况；也可上网搜索同一类的文章及其作者；再翻查一下有关的专业期刊同一文章是否发表过；千万别把此稿推给审稿人员。假若审稿者也是南郭先生，那就坏大事了。这里涉及另外一个不好的现象就是“一稿多投”（有一个客观因素，就是有的编辑部约定的审稿时间太长，几个月直至半年以上），这本是文字工作中犯忌讳的行为，应该受到谴责。按照20世纪50年代的做法，凡是抄袭者、一稿多投者，经确认无疑后，将以编辑部的名义把文章题目与作者姓名在刊物上公布示众，予以批评。让读者获知内情，扫除歪风，警惕来者，下不为例。

其次，要有激情。期刊的来稿件数多，长短不一。怎样从中发现优秀来稿？这不是几句话能够说清楚的。一般而言，科技编辑必须经常关心科技发展的现状和动向。尤其是本行业中有关生产经营、科学研究、设备制造方面的热点、焦点和难点。及时地捕捉行业内的重大问题与解决方法。嗅觉要灵活，视觉要宽广，听觉要敏锐，绝不能够胡子头发一把抓。看中了好的稿件，心中要“窃喜”，如获至宝，还要反复地琢磨，提出自己的看法，或者结合审稿人的意见，建议作者认真地加以考虑修改，使作品的质量再提高一步。

最后，要有责任感。作为一名称职的编辑，在工作中具体地表现是要把好三关，即选稿、改稿和发稿。扪心自问：在处理稿件时，如果其中有一项没有做到位，那么晚

图 11-2 作者在编辑出版发行部（由左向右：郑志强、李文定、余贻骥、刘仁庆、伍安国）

上会不会辗转难眠呢？（图 11-2）。

责任心反映在学习工作上，那就要求努力做到勤奋、认真、严格。勤奋和认真所具有的内涵，是众所周知的。我在此不必多说。现仅就严格来多谈几句。大凡严格是指认真的进一步深入，抓紧不放松。也就是对待知识学问要一丝不苟、寻根究底。俗语说得好：要打破砂锅问（纹）到底，还问锅片在哪里。对于不懂或半懂的问题，一定要想办法弄懂它、弄通它。绝不满足于不求甚解，囫囵吞枣。如此这般，只要持之以恒，不半途而废，就能攀登事业的高峰。我永远记得有一位资深的老编辑说过的那句话：好文章就是经过反复地改、改、改，才会成功的。

谁去改？根据我当编辑的经验，最好是由作者去改，而编辑只负责提意见和建议。甚至指出文中某段某句某字有问题，请作者修改。这么做不仅对作者的帮助更大，同时对编辑的工作能力也有一定的促进和提高。编辑最好学乒乓球教练那样，自己的打球技术并不一定比运动员高多少。但是，要会指导球员如何去打好球、能赢球，力争冠军。在改稿过程中，千万不要怕麻烦，也不要轻易由编辑去“动手术”改稿子。有一些作家或学者，往往在写回忆自己成长过程的文章中，念念不忘编辑们在写作上对他的帮助和支持。文学上如此，科技上也同样如此。

专业期刊的读者对象是些什么人？过去，有许多人对这个问题并没有清晰的认识。现在让我们疏理一下，冷静地思考一下，探讨一下造纸这门生产技术中究竟应该包含哪些内容。众所周知，人类的发明活动是一个漫长的历史过程。从哲学上讲，中国在汉代发明造纸，具有深邃的历史背景和人文因素。这是因为哲学引导科学，科学产生技术，技术改变世界，所以科学技术发明决定了历史长河奔流的前进方向。我们不能想象，仅仅是拿点现有的植物原料，再加工而成纸张，就大功告成。从纸的诞生到纸的发展与应用，都应该纳入造纸工作者的视线范围之内。否则，我们会愧对历史、羞于后人。因此，几年前我从所收录的514本书目（截至2011年年底为止）中，按其科技、人文内容归纳出了造纸业的三大主题：机制纸、手工纸、纸文化（经济、商务等除外）。对于这三个主题，在我们中间不少人对机制纸的内容是比较熟悉的。而许多年轻人（尤其是80、90后的青年）对后两者却很陌生。我们不单要看重技术，更应看重文化。技术有新旧，会过时的；而文化是凝聚的财富，意义深远。对此，到底还会有多少造纸人能够理解？

那种单纯只为本专业服务的思想，这种囿于“小圈子”的做法，今朝看来已成昨日的黄花。因为随着科技现代化，各行业的交叉与多元化，已经打破了原有专业之间的“楚河汉界”，它们彼此渗透、互相交叉、多元融合起来。所以，一种专业刊物必须抛弃旧有的意识，兼顾上游以及下游的行业，打开门窗，让新鲜空气、和煦阳光飘然而至。举例而言，在我国造纸的上游有哪些？难道仅仅只有林业么？下游呢？常指印刷业、包装业，再想一想还有别的什么吗？

面对电子化时代，电脑互联网的流行，手机功能化的膨胀，造纸业究竟要走向何方？每一个造纸工作者，都应该进行思考。作为媒体人的编辑，更是应该有责任心，发奋努力，走在前头。

要把精品献读者

过去有句不雅的俗话：老婆是别人的好，文章是自己的好。这种说法很不客观，不足为训。殊不知对文章的评价，是不以个人意志为转移的。对于科技论文来说，要使之做到上乘，必须达到以下“三论”：首先，论点要正确、鲜明、有逻辑性。所谓论点，就是作者对所阐述的问题，提出自己的独有看法。其次，论据要准确、充分、有典型性。所谓论据，就是用来证实和说明论点的各种材料、事例。最后，论证要严密、清楚、有说服力。所谓论证，就是运用论据回答论点的全过程。在此“三论”的基础上，论文的结论自然是完整、精细、符合科学原则的。专业文章除了科技论文外，还应该有科普作品。后者常被俗者视为“小儿科”，这是不正常的社会偏见。殊不知写出好的科普作品要比写科技论文难得多，科普作品对其中的科学性、通俗性和可读性的要求要更高一些。

作为科技期刊编辑，应该明确纸的社会功能，要负起向广大人民群众进行普及宣传、教育的责任。说起纸，它确是一件很平常的“东西”，但它最贴近我们的生活跟生产，真可谓息息相关，十分密切。它是人类目前最方便、最廉价、最低碳、也是最有乐趣的“伙伴”。纸的社会功能，主要表现在：对人的知识的抚育、教化和文化的启蒙、积淀。

具体地讲有六个方面：第一，历史。纸是记录和传承史籍的主要载体之一。古今中外的历史书籍绝大多数是用纸书写、印刷的。白纸黑字，斧头也砍不掉。而口传无凭，不足为据。即便是现在或今后不用纸写字、印书报。那么原来藏有的古代典籍、名人字画、纸质档案。一旦出现损坏，拿什么去修复？眼睁睁地看着它们完蛋吗？第二，科技。世界上发明的汽车、飞机、火箭、导弹，哪一个没有图纸就可以顺利完成？在施工现场，操作人员用什么为依据来进行作业？第三，环境。不光是天然物质，还是人造物质，都具有两面性。一面是有利；另一面是有害。因此，必须趋利避害，才是重要的指导原则。物质的循环使用，既能节约资源、能源，又是生态最大的“保护神”。与其他物质（塑料、钢材等）相比，纸的使用与回用，功不可没。第四，生活。自打发明造纸以后，纸与人类社会关系日渐密切。谁人胆敢夸口：从我出生起根本不需要与纸打交道？很难设想，如果现在突然在一夜间纸张消失了，连早起后上厕所都有麻烦，那将是一场多么可怕的情景！？第五，艺术。凡举纸与书画，纸与作曲，纸与戏剧，纸与动漫，纸与魔术，等等。花样百出，不胜枚举。第六，宗教。佛教、道教、基督教、伊斯兰教，教徒们的经书、祈祷词、赞美诗都离不纸。这些无须多言，众人皆知。

因此，我们办刊的目的和编辑的责任，就是要把精品献给读者。然而，还是那句老话，文章是改出来的。精品呢？它是挑出来的。这里还应指出，为了获得精品稿件，必须用心地进行“组稿”。所谓组稿，就是根据当时的需要，有意识地向在某个问题上的具有高学术水平的专家约稿。因为只有他们掌握的资料最多，分析的能力最强，认识的层次最深，所以将他们的看法公布出来，对读者的帮助最大。

这是从一般投稿中很难取得的收获。

但是，这种约稿的难度，也是没有干过这事的人无法体会的。通常，约稿的时间比较紧，专家还有别的事，再有稿件的加工，还有人脉关系因素。再加上有编辑出差旅费报销等问题。所以，做这件事的困难很多。可能十次约稿有一两次成功，就算很不错的了。因此，当前，编辑们习惯的做法是从众多的来稿中挑选，很少外出约稿。这样一来，要想精品大展“云裳”，多是幻想，不易实现。

说到约稿，再补充几句话。听老编辑们讲，早在20世纪50年代，约稿的稿酬相当高，是一般稿费的三倍以上。1999年公布恢复的出版物“报酬规定”，对文字作品作出了低的稿酬标准（每千字30元）。又过了十多年之后，2013年9月23日国家版权局官方网站上公布了的“报酬办法”，虽然把稿费提高了三至五倍（每千字100至150元）。但是，这只是春雷一声响，很多地方并没有落下雨点来。编辑们纵然有办好刊物的愿望，想多发表精品。但是，在这种重重压力下，怎么去组稿呢?

十二

我取笔名

笔名与化名

名字人人有，来由各不同。鄙人这大半辈子只干了两件事：一曰造纸，二曰科普，造纸是我的本行，主打专业；科普却是俺的业余爱好，绿叶一支。由于历史原因，自小喜欢涂鸦、抹文。此后在许多报刊上，发表了一些杂七杂八的文章。也鉴于各种各样的原因，便使用了好多笔名（下边再说）。

提起笔名，这便要从化名说起。什么叫化名？按照《现代汉语词典》上的解释是：化名，为了使人不知道真实姓名而改用别的名字，又称“假名字”（参见该书第486页，商务印书馆1983年版）。注意，化名不等同古人的“字”或“号”。它是近代出于为了某种特别的需要而产生的，大凡从政者和文化界的人士，采用假名字的情况较多，司空见惯，不必细说。其实笔名就是化名中的一种，所谓笔名就是作者在发表作品时所用真实姓名以外的名字。笔名在文学界最为流行，例如伟人鲁迅（1881—1936）是笔名，本名周樟寿，字豫才，后改名周树人，浙江绍兴人。女作家丁玲（1904—1986）也是笔名，本名蒋伟，字冰之，湖南临沣人。美术家江丰（1910—1982）也是笔名，本名周介福，上海人。诗人艾青（1910—1996）也是笔名，本名蒋海澄，浙江金华人。化名与笔名的不同之处，化名一旦确定，更动必须经过有关组织或上级部门审定批准。而笔名则是在作品上的署名，是作者自由行使署名权的体现，不需要履行任何手续。因此，起笔名的自由度特别大。可谓随心所欲、“天马行空”矣。不过，化名与笔名之间关系相当密切。有的人时而把化名当作笔名；有的人时而把笔名变为化名，所在多有，“划线”很模糊，故两者常被人为地混同起来。

然而，现在网上流行的所谓网名，我认为它不能算作笔名。当然网名也有起得动听的、顺耳的，不全是“拆烂污”。但是，它绝对不能跟笔名画等号。网名大概是在互联网流行以后才兴起的，它的随意性大，而且带有恶劣“卖噱头”的味道，千万不要拿它“起哄”。有些网名，例如叫什么居里夫人晒太阳、史努比不理包子、赤脚阳光男子汉等，谈不上幽默。更有甚者叫什么中文西文（英文、法文、拉丁文）还夹有阿拉伯数字等，乱七八糟，未知所云，具体例子不写了，免得污笔。

笔名何其多

自打我读初中一年级开始，在教“国文”（即今天的语文）的朱忱老师的影响下，学习了习字作文。他“规定”（那时任课老师的自主权好像比较大，依稀记得同校别的班级没有这个规定）我班同学每人每周必须写一篇小作文（体裁不限，字数在500字以上。有时统一命题，有时自由选题），而且必须按时交出，不许拖欠（如有拖欠，加倍处罚），作文由他审阅，凡超过80分者，择优在《大刚报》（当时武汉出版的一种民营日报）上发表。

朱老师怎么会有如此大胆的许诺？过后才知道这跟他的文化背景和社会人脉有关。按当时小学生们私下的传言，朱老师有一位挚友名叫绿原，是当时顶顶有名的大诗人。此人在武汉《长江日报》（中共中央中南局机关报）工作，还兼职《大刚报》（武汉地方民营大报）文艺副刊部，是一位 “老大的编辑”哩。而且据说朱老师写了不少诗文，在《长江日报》《大刚报》上用笔名发表，等等。虽然那时我们还是小孩子，对老师的话不敢不信，但是暗地里还是冷不丁地嘀咕一下：这可能是在吹牛吧。直到有一天，当朱老师给我写的一篇小文打了82分，并且领到《大刚报》发给我的稿酬时，我几乎真的一下“蒙”了过去。铁的事实让我、还有周围的小学生一起彻底地信服了。

过后，我终于打听到了绿原（1922—2009），也是笔名，本名刘仁甫，又名刘半九，著名作家、诗人、翻译家，编辑家。湖北黄陂人。这两人的后况怎样，均未再有所知，因为自 1955 年 8 月起，我已离开武汉到广州上大学去了。

到了 1956 年年初，当我在“华工”（华南工学院的简称）被聘为“院刊”（学院每周出版的一种小报）通讯员、记者拿起笔来进行写作的时候，不知怎么搞的，我突然想起了过去的往事。写文章不是可以自己随意取个什么笔名的吗？况且，无须经过什么人或什么部门允许，自取自定。于是，便写点短文或短诗，用笔名在《华南工学院院刊》《羊城晚报》上发表。开始没有细想，后来才明白用笔名却不简单，绝不能够等闲视之。

究竟有什么样的意义呢？我以为：除了社会名流、文豪大家取笔名另作别论之外，对我个人来说，第一个原因是写点被称为“豆腐干”的短文章，为了顾全脸面起见，自然可以不必用真名。而第二个原因则是害怕被别人批判自己有错误思想，发表时便起个笔名，以利“躲藏”起来，避免因失误而遭到点名曝光。

怎么起笔名呢？起笔名的原则与中国（汉族）人一般给孩子起名是有区别的。据说，古时中国人没有姓，只有名。后来有了名，省去了姓。再后来，才有姓和名，姓在前名在后的一些规矩。给孩子起名有讲究：第一，要传承人的情、意、志，第二，要蕴含人的精、气、神，第三，要体现人的真、善、美。其中最值注意的有两条：第一条是尽量避免名字重复，减少撞车。据报道，公安部户籍统计的姓名数字表明：全国有 1306508 个人叫“刘波”，列为重名之首。其次重名最多的人名（为数是几十万以上）分别是：李刚、李海、张勇、王军、王勇、张伟、刘伟、王伟、李伟等。第二条是不能随心所欲，任性胡来。另据媒体介绍，某地有一对夫妇给新生小孩起个怪名字，没有姓氏，叫作四个字“北雁云依”，到派出所要求上户口，警察以有违公序良俗、不符社会习惯而婉拒。后来这对夫妇把公安局告了，闹到法院，结果以败诉而告终。现在一些青年父母对这些状况和道理却所知甚少。当然，起正名与取笔名毕竟不能完全一样。这种现象也不会很快改变。重名是客观现实，怪名也所在多有，还是那句话，中国的人口实在太多了。难道连收集了四万七千零三十五个单字的《康熙字典》也不够用吗？

有鉴于此，我就想：咱家绝不能够背上这两个沉重的“包袱”，时不时地变化着使用笔名发表文章，让人不易发现，逮不住“小辫子”（这只是那时候的幼稚想法）。怎么起笔名呢？我有三个办法。在广州时，我常从报刊读到作家秦牧的文章，十分欣赏、佩服，是他的忠实“粉丝”，干脆取笔名叫“牧牧”吧。我母亲姓陈，“学点鲁迅”，取个笔名叫陈呈耳吧。我姓刘，用拆字法取名为文刀吧。另外，自从我参加工作之时起，没有人喊过我“小刘”，人人（包括我的上司曹光锐教授在内）都叫我“老刘”。奇怪吗？原来在我尚未去北京轻院之前，本单位早有一位天津纸校毕业的女同志姓刘（名慧林）大家都叫她小刘，名额已满，我就没有资格享受这个“称呼”了。由此我又借助谐音取笔名叫“劳流”。这是第一种自己取笔名法。

我单位的老同事、老前辈姓蔡名海观，他在一次教我写对子时，在刘仁庆姓名下边分别对应写了柳义祝三个字，我说：好！这就是我的笔名。我在大学的同窗孙某某，外号“齐天大圣”，他毛遂自荐，常常开玩笑地喊我：喂，刘刘、刘浏、刘留、刘溜、刘流、刘硫、刘牛，哎，下边不知还有多少个同音字哩。这是第二种他人取笔名法。

第三种是编辑代为取名法，例如某杂志的老编辑，有一次他在电话里说，本期内要发表你写的两篇稿子，按照刊物的规矩，不可同用一名字刊登。我看你这个人“勤奋努力”，我给你取个笔名，叫“鲁黎”（努力）吧。又有一次，他擅自在我写的文章前边署个笔名：魏众。后来我问他是什么意思，老编辑说造纸界不是有人用笔名“钟逵（馗）”，把你视为“鬼”予以笔伐吗，我便替你打抱不平，取名为“众”（大多数人支持之意），以与之抗衡。群众的眼睛是雪亮的，那个起笔名的伎俩，甚是差劲，实在令人啼笑皆非耳。

写到这里不禁让我想起一点有趣的事情。不是有人对刘仁庆“有意见”嘛，凡是署这个名字的著述一律不加引用。可是，他并不了解刘仁庆有很多笔名，于是便出现了“误会”，不乏多次引用，还加以发挥。有个好友告诉我，有人在私下对刘仁庆颇有微词，可是对柳义祝、陈呈耳、喻子牛的文章却大表赞赏，这种两面现象令人喷饭。在下我只好自嘲一番，因为在互联网发达的今天，上边贴有刘仁庆之名的人竟有20多个（如还有北京画家刘仁庆、南京大夫刘仁庆、宁夏医师刘仁庆，等等）。可是，“1936年生、干造纸的武汉人刘仁庆”，只有本人一个。所以就写了一首打油诗来调侃：

我的笔名有很多，今天摘要说几个。
希望大家小心点，碰上变脸莫搞错。

翻前查后，这些年来我用的笔名竟有20多个（为节省篇幅，止符），这是当今许多青年读者不容易理解的。那么，我写的这些文章，或用笔名是在何处发表的呢？打开记录册数一数，就造纸专业杂志而言，计有：《造纸工业》《造纸技术通讯》《造纸译丛》《造纸文摘》《全国造纸信息》《纸业周刊》《农垦造纸》《黑龙江造纸》《湖南造纸》《湖北造纸》《北方造纸》《浙江造纸》《天津造纸》《上海造纸》《纸和造纸》《中国造纸》《中华纸业》《中国宣纸》（台北）、《浆和纸》（台北）、《纸业新闻》20种。还有与纸相关的期刊，如《中国轻工》《中国印刷》《中国包装》《印刷杂志》《植物杂志》《中国文房四宝》（香港）、《印艺》《华夏人文地理》《中国科技史料》《档案学通讯》《档案学研究》《科技与企业》《国外科技动态》《水解工业》《高分子通讯》《化学世界》《化工之友》《企业文化》《现代化》《科技导报》20种。此外，还有一般性科普期刊，如《百科知识》《知识窗》《（上海）科学》《科普研究》《科学普及》《科学大众》《科学画报》《科学实验》《科学世界》《科学博览》《科学生活》《科学大观园》《知识就是力量》《科普创作》《科普创作通讯》《科学普及资料》《中国儿童》《中国妇女》《老人天地》《我们爱科学》20种。再有，是一些报纸如《文汇报》（香港）《大公报》《光明日报》《北京日报》《北京晚报》《北京科技报》《上海科技报》《中国科学报》《中国化工报》《中国少年报》《中国青年报》《中国中学生报》《中国儿童报》《工人日报》《中国轻工业报》《中外产品报》《中国乡镇企业报》《中国包装报》《（上海）文摘报》《（北京）轻工与生活（报）》20种。其他还有一些，加起来恐怕也快接近有三位数了。

日积月累，集腋成裘。我通过长期的学习和实践：不间断地读书，不歇息地思考，不停顿地写作之后，终于逐渐明白了写文章的方法和技巧，即主要是抓紧主题和丰富内容，特别注意的是必须要有新意。诚如季羡林老先生所言，没有新意，不要写文章。至于发表时用不用笔名，那倒是无所谓了。

老来有期待

从1955年8月我进入广州华南工学院正式就读造纸专业算起，已经在这个行业中度过了漫长的六十年，循回重合为一个甲子。此时，也正是我抬起脚步，踏入“耄耋之年”的路口，免不了心惊胆战，如履薄冰。回顾这大半生以来的工作经历，有成功，有失败，有快乐，有痛苦，有欣慰，有遗憾，也罢！全都成为过眼“闲云”了。

如今人到老年，走过了漫长的征途，阅历了丰富的人生。身体在慢慢老化，视力减退了，左腿不灵了，疾病缠身，很难出门。但是，“既来之，则安之”，对自己必须要达观冷静，没有必要惊慌失措，更不能怨天尤人。以不变应万变，以“泰然处之”为上策。因此，只能根据自己的实际情况，做点力所能及的事情，既不可与人争强好胜，也不要妄自菲薄，能做多少算多少，从中寻找乐趣，充实生活，享受天年。

我们这一代是唱着“五星红旗迎风飘扬”长大的人，从少年起就走进了艰辛的旅程，一言难尽。但是，现在那些乌云、雷声早已远远消去，再也不会复返了。这是多么令人高兴的好事呀。从今以后，如果我还能继续拿笔、“敲键”写文章，再也不需要用笔名了。而是拿出“泰山石敢当”的气概、堂堂正正使用本名，还是以“实名制”为好，伸出大拇指，点赞！

我年已八十高龄，虽然记忆力有点减退了，但是观察力、理解力和判断力似乎更加强些了。对于国家、社会和个人都有了比较清醒的认识，那就是必须坚决贯彻社会主义核心价值观：富强、民主、文明、和谐；自由、平等、公正、法治；爱国、敬业、诚信、友善。这是每个共和国公民对国家、对社会、对个人而言义不容辞的责任，为实现美好的中国梦，一定要竭尽自己的绵薄之力。

退休是人生的一大转折。在此后的日子里要乐观地面对生活，不要为一点鸡零狗碎的小事而烦恼，而要宽宏大度，化解矛盾。也不要与别人攀比，其实出现“失落感”往往是名缰利索、人事纷扰所致，完全不必追究，一笑了之可也。作为一名退休老汉，惟一让人挂念的是我们国家的造纸业，虽然纸的年产量已经名列世界的第一位（2014年中国机制纸的总产量为1.047亿吨，超过美国），成为全球的造纸大国之首。但是，我国地广人多，情况复杂，还存在有许多的困难和问题（如原料、环保、品种、装备、科研、教育等），要实现建立造纸强国的奋斗目标，仍有一段不短的距离。让我们大家共同努力吧！

十二

我坐书斋

长久的梦想

许多年前，我家4口人（岳母、妻子、儿子和我）共同挤在一个面积不大的单元房里，生活很不方便。那时候，在一般情况下，每天我都不在家里而是去办公室工作和学习。这是出于两个方面的原因，一是家里挤，二是也有个方便条件——那就是从我的住地的窗口就能看见附近的三层教学办公楼，距离特近。在这间办公室里，除了有本人的一桌一椅外，还有另外三对桌椅，合计可供4名教师使用。公用的有一个书架，是供放教学挂图及其他用品杂物的。在办公室里工作或学习，有两个缺点，一个是平时人多，进进出出，环境不好；另一个是可供参考的书少，需要时“跟不上”，令人苦恼。

怎么办呢？我就采取“走出去”的办法，借以扩展更大的阅读面。如此一来，我便成为读书而奔忙的早期“北飘族”。仅就北京市内我去过的读（查）书地方就有：老北京图书馆（北海公园旁边），首都图书馆（国子监）。其次，是各大学和研究单位的图书馆（室），如北京大学、清华大学、人民大学“北师”（首都师范学院）、“北钢”（钢铁学院）、“林大”（林业大学）、中科院植物所（动物园隔壁）、中科院化学所（中关村）、社科院考古所（灯市西口）、中国地质科学院（甘家口西）、轻工业部造纸所（光华路）、中国第一历史档案馆（故宫博物院内），等等。至于去外地的图书馆还有一些，不再赘述。外出查书也有不便之处，即使自己不计较费时间、精力，受奔波劳累之苦，有时还会撞上某些不愉快的事情，叫人泄气。好在我不太计较，过去后便“一风吹”了。

顺便说一下，我还特别喜欢逛北京的旧书店，如东单旧书店、西单旧书店、大钟寺旧书店、琉璃厂中国书店，还有岗瓦寺旧书摊、报国寺旧书摊、潘家园旧书摊等。可惜，现在这些旧书店铺除了少数还在，其他都关门或改业了。找旧书虽可上网查询，但很难领会昔日逛旧书店的那种感受。尤其是发现了久久思念的“老书”，真有点喜出望外，美不胜收。

我原本就很喜欢买书，但因为住地的面积不够宽，买回家后无处放，所以只好时不时地忍痛割爱。那时候，心里时常唸叨，什么时候我能够拥有一间、哪怕面积很小的书房呢？但是，随即立刻自我斥责道：胡思乱想管个屁用？还不如该干嘛就干嘛，少费心思哩。

北京轻工学院创建于1958年，规模不大，住房紧张。还向周围的单位（如全总干校、轻工业部阜外分部）借房当（单身）宿舍。那时候，作为一名青年教师，哪里有什么资格分配住家属大院？

“文化大革命”结束以后，好不容易有了两室一厅的住房。但是，那时候，我买的一些书籍同样是也没有地方放，只好分类打捆，推塞到了床下。一些资料，投入纸箱内，倚到墙角。还有一些报刊，只好摞在地上。这么做带来了一个大难题，寻找非常困难。

这样一来，便在心里长出了一个纠结，或者说是冒出一个梦想、一个期待、一个企求。但愿那不是一个“肥皂泡”，希望自己总会有一天能够有一个独立的空间，一个让我自由活动的书房（后取名书斋）。

书斋的功能

时光匆匆，白驹过隙。在我等待了 30 多年以后，经过了“分房委”评分排队、张榜公布、预定房号、签订协议等一系列流程之后，2002 年春节前夕，我终于搬进了“三室两厅两卫一阳台”的住房。于是乎，我便有了一间独立的“小房间”。开始，我还没有想到给它取个什么名字。某一天，有一位老友建议应该给它命名。叫什么好呢？书房乎？书屋乎？书室乎？都不理想。查找了一些书之后，突出迸发出两个字：书斋。诚如唐代文人贾岛有诗《荒斋》云：

草合径微微，终南对掩扉。晚凉疏雨绝，初晓远山稀。
落叶无青地，闲身著白衣。朴愚犹本性，不是学忘机。

所谓书斋，意同书房。不过，它更深层次的意思是：古代文人自用读书写作的房间。对了！书斋——这就是我学习与研究的一块“红色根据地”，一个大展鸿图的“独自孵化器”，一片让我能够飞翔的“自由写作园”，我怎样去安排好它呢？

书斋的三面是墙，一面是两扇大玻璃窗（附带有纱窗）。一面墙竖立三个大书柜，另一面墙空荡荡的，不加任何装饰。还有一个书架靠近一面墙摆上（图 13–1）。此外，一头沉的

图 13-1　作者在书斋里

书桌一张，加上一把旋转椅，这就是书斋内的全部家当。开始曾想再放一台电脑，因地方不够，只好移到大厅里。

每一个大书柜有两扇向外开的玻璃门，内间分为七个格。每一格可存放 20 至 30 本书（平均 25 本）。那么 $25\times7=175$，再乘 2（双放）即等于 350（本）。再乘 3（三个书柜），共计 1050 本。实际上三个大书柜摆了大约 3000 本，其他的书、杂志、剪报等便堆在别处，用花布罩上。

又怎么存放书呢？我把自藏的常用书，放在不同的格子上，以便用时拿取，一共分为五类。现在，我每类挑出 10 本作为示例，因为同类的书的数量不一，所占用的格子也有多有少。这不要紧，是可以在用时区分开来的。

（1）辞典类，包括各种中文的、英汉的、俄汉的、日汉的、历史的、地理的大小不同的词典。以出版年代先后为序（书名后括号内的数字注明，下同）。例如，《俄华大辞典（1963）》《远东英汉大辞典（1977）》《古汉语常用字字典（1979）》《简明中外历史辞典（1981）》《外国地名语源词典（1983）》《现代汉语词典（1983）》《制纸·加工·包装·印刷技术用语辞典（1985）》《朗文现代英汉双解词典（1988）》《新英汉化学化工大词典（2009）》

《辞海·第六版（2010）》等。像辞典、字典之类的工具书，大小不限，越多越好。

（2）专业类，我们国内出版的专业书，以大专教材居多。内容彼此大抵相同，教材放在别处，不放在书柜内。书柜里专放供研究用的参考书，例如，《制浆造纸工作者手册（1955）》（繁体字本）、《中国造纸植物原料志（1959）》《制浆造纸技术讲座（1980）》《中国造纸术盛衰史（1979）》（繁体字本）、《纸的性能（1985）》（俄译本）、《制浆造纸化学工艺学（第三版 1 ~ 4 卷）（1991）》（英译本）、《造纸印刷名辞辞典（1996）》（繁体字本）、《中国造纸原料纤维特性及显微图谱（1999）》《古代造纸工程技术史（2005）》《从洛阳到罗马（2014）》（繁体字本），等等。虽然技术是会过时的，但仍有连续性，不知其旧，何以谓新？我选存的一些造纸书，一般读者不一定有，某些单位图书馆里也少有收藏。

（3）友情类，包括我认识的老师、朋友赠送的书籍，其中有的人已驾鹤西去，有的人仍健在，他们也大都超过古稀之年了。例如，刘后一的《祘（算）得快（1963）》、沈从文的《从文自传（1981）》、范长江的《中国报告文学丛书 2 第一分册（1981）》、汪国真的《汪国真诗文集（1996）》、孟东明等的《杨振宁传（1997）》、陶世龙的《时间的脚印（1999）、卞毓麟的《追星（2007）》、张开逊的《回望人类发明之路（2007）》、汤寿根的《人菌之恋（2012）》、陈芳烈的《流光墨韵（2015）》，等等。还有一些，限于篇幅，暂且省略之。

（4）科普类。我这个人生活寡淡，不抽烟、不饮酒、不喝茶，不赌博，不干坏事，等等。科普是我的主要业余爱好，闲暇时写点小文章，认真时动手大部头。学习上勤奋刻苦，交往上诚信认真，故而结识友人不少，尤其是科普界的同志和战友。他们大多是优秀的“笔杆子”，著作等身，与他们相识、求教，获益匪浅。摆上他们的作品，不是为了“矫情”，而是为了学习。这里有：傅钟鹏的《数学的魅力（1985）》、余俊雄的《漫游21世纪（1994）》、叶永烈的《论科学文艺（1980）》、李宗浩的《高士其及其作品选介（1982）》、章道义等的《科普创作概论（1983）》《科普编辑概论（1987）》、金涛的《我眼中的世界（2002）》、王梓坤的《莺啼梦晓（2002）》、郭正谊的《我是郭正谊（2002）》、尹传红的《星星还是那颗星星（2009）》，等等。

（5）常读类，放在书柜正中间的格子上的书，是我近期内时常翻读、查阅的。它们有：［法］卢梭的《忏悔录（第一、二部）（1980，1982）》、阿英的《小说四谈（1981）》、巴金的《随想录（1987）》、王仲年译的《欧·亨利短篇小说选（1987）》、流沙河的《流沙河随笔（1995）》、耿刘同等的《中国皇家文化汇典（1997）》、程裕祯的《中国文化要略（1998）》、王朝闻的《吐纳英华（1998）》、王力等的《中国古代文化史讲座（2007）》、陆键东的《陈寅恪的最后20年（2013）》。这些书随时（一般约三四个月）都会轮换，被另外的书代替，此处不再饶舌了。

至于从公家图书馆、朋友或同事借用的书，遵循以尊重友情之心对待之。读时一定平阅，不卷边折页，不批字划线。读完用绳索系好，放在规定的书架上，“好借好还，再借不难。”坚决对得起公家和朋友。我曾经把自己编写的书，用毛笔写了题字，送给一位朋友。后来被孔夫子网站附上照片当成回收的旧书拍卖，我看了以后很难过，此后再也不轻易地赠书了。

书斋内沉思

我对梦寐以求的书室，就要求一个字：静！绝对地安静，决不容许外来声响打扰。当我一个人要集中精力办一件事的时候，我一定是紧关房门，不接电话，与世隔绝，直到我处理完毕为止。家里人都习惯了，开始总认为我装“疯”了、有“病”了、发傻了。

图 13-2　我在沉思（徐信 摄影）

我坐在书斋内做什么呢？换言之，书斋是用来干什么的？我想用五个字来表达，那就是读、想、记、写、改。什么叫读，顾名思义，读书一定要有安静的环境，吵闹声干扰，心猿意马，效果不好。过去，曾有一本书里介绍情况，说的事正好与现实“反过来”。它硬说在我国有一位名人，专门选择在特别吵闹的地方，如城门口、叫卖场旁边去看书，以磨炼自己的意志力和容忍力。我对此深表怀疑，真的能读得进去吗？想“蒙人”吗？“客里空”吗？没门！

什么叫想，就是思考，不论是伏案读书看报，还是提笔展纸写作。都在积极地进行思索。即令在平时，也多想少说，没有想好不开口，宁可做“半个哑巴”。现在有一小部分青年朋友，在思想上有一个老大的问题，思考少，急于求成；不求深，只求快，急功近利。这些都是轻浮、浅薄、不雅的坏毛病，奉劝他们早点改掉为好。我还有一种怪“想法”，把它叫做“反转片思维”。那就是不按常态，而是设身处地站在对立面上去思考。这样一来的话，两个方面的状况都能活跃起来，看问题可能就会更全面、更客观、更公正些（图13-2）。

什么叫记，就是记录，有句老话：“好脑袋抵不上烂笔头”。各位读者，请你们不要过于相信记忆，记忆往往是靠不住的。尤其是对老年人而言，记忆是“骗子”，千万别上当。俄国作家高尔基曾在一本书里写道：“笔头写下来，斧头砍不掉”。我的脑袋不大“灵光”，经常忘事。但只要是我认为是需要的，必定随时随地随手把它记录的下来，录以备忘。哪怕是用一张小纸片，先记下来再说。然后经过一段时间再归类整理，保存下来，说不定在某一天会有用处。

什么叫写，就是写作，先有主题和内容，手拿铅笔在纸上打草稿。为什么要用铅笔呢？就是为了方便涂改。如有错别字，不通句，立马用橡皮擦掉，重新再写。铅笔写了再用圆珠笔再写，直到大体成文了。于是就放进抽屉或纸盒（专门放草稿的，写上日期备忘）里，进行“冷冻”处理。少者几个礼拜，多者半年一载，甚至更长。碰上了要写的文章，就去寻找。然后再以“编辑”的眼光加以审读，看看是否有新意，是否合时宜，是否跟形势，是否有价值，再决定取舍。与此同时，还要对引用的参考文献进行核对。虽然我不赞成一篇两三千字论文，列上七八个甚至十多位作者姓名（当然，其中的潜台词众人是心知肚明的）；更加不同意文后的参考文献开出几十条，其篇幅几乎占有文章的一半，这些都是不可取的。

当然，一般的征稿规定是，除了文献综述、读书报告之外，引用的参考文献通常是 5 ~ 10 条，太多了，似有华而不实、聚众取宠之嫌。况且论文中如果都是别人的叙述，你自己的观点又在哪里呢？我曾经在审阅向杂志投寄的稿件、评定研究生的论文过程中，随机抽查过论文与参考文献是否有对应关系。结果发现竟掺有不少的“作伪”现象，“两者风马牛”——文不对题。尤其是参考文献只列书名，厚厚的一本书，不注明页码，更是让读者陷入“云苫（shan，音汕）雾罩” 之中（这个成语经流沙河先生考证，过去常被人误写为“云山雾罩”，应予纠正。参见该先生著《晚窗偷读》第 167 页，青岛出版社，2009 年版），这不是在有意折磨人吗？实在有点不够厚道。所以我写完文章之后，还要仔细地查对参考文献，核清页码，防止搞错，以示对读者负责。

什么叫改，就是修改，经过考虑后觉得有可用之资料，必须进行再次的设计。从文章的题目到各段的结构（小标题）安排，以及内容上前后呼应等，都要再三再四地斟酌。想好之后，打开电脑，把文章初稿录入。以后加以改动，从初稿到定稿，一般是三四次，我记得有一篇稿总共修改了十一次。可见修改之辛苦耶。

我坐在书斋里，还时常在想：“阿拉”真的是一个时代蠢材，既没有天赋，身体又差，稀里胡涂，傻里傻气，不懂溜须拍马，也不会阿谀奉承，是个“楞头青”。因此经常被人飒飒地射来“暗箭”，万幸的是皆未打中“心脏”。

于是便苟延残喘地继续活了下来。1970 年，我在河北省固安县轻工业部“五七”干校接受再教育时，羞订寿命指标是 60 岁。其他革命同志发誓要奋斗到 80 岁，说我太保守了，受到批判。现在，那些大叫要活 80 岁的“同一个战壕”的战友们“稀里哗啦”地一个个“西去”了，而我却在“东移”过日子，也不对外宣称自己在“等死”。总而言之，我满不在乎，一切照常。哼，没啥了不起的。有人说得好嘛，地球照常运转，天也塌不下来，还有高个子呀，我怕啥？这是一方面。

另一方面，人是情感动物，我也是一个普通人。我也有各种毛病，优点和缺点并存，快乐和痛苦常在。既不愿与别人结仇，但也绝不容忍外来的欺负。我有时候曾经这么想：谁能告诉我？我活到现在，究竟是为了什么？到底搞清楚了没有？作家叶延滨（1948 年生，现任《诗刊》主编）曾有 “人生九不可为” 的名句：“钱不可贪；文不可抄；师不可骂；友不可卖；官不可讨；上不可媚；下不可慢；风不可追；天不可欺。”今转录如上，供大家参考。

我坐在书斋，还时常在想：一个人如果来到了这个世界上，又不可能跑到别的星球，那么必须要面对现实。无论你是以干什么为生，你内心深处一定牢牢地抓住以下六个字：追求、责任、坚持！再重复一遍，那就是在思想上要树立起一个追求目标，时刻想到自己肩上的责任，遇到一切困难和挫折，都要毫不气馁，勇敢向前，永远地坚持下去。

“的确”（1950 年中华人民共和国成立初期，那时写文章开头常用的“引语”，其意思是我可以负责任地说；或者说成“说句老实话”。现在我再使用一次），每到一年的岁末或者年初，我都会抽出时间关门坐书房，进行总结式的自我反省。检查一下自订的四条标准：**永远忠于祖国、关注科学技术、牢记感恩不悔、继续努力学习**，在这一年中做得怎么样了？还有哪些不足，需要改进之处。力争在今后的日子里，减少负能量，发挥正能量。最后凑一首“打油”来结束本文：

秋来黄叶落，
春至草变青。
弘扬真善美，
摒弃假大空。
届时明月在，
努力会成功。

十四

我很平常

退休生活自在

我在年轻的时候，曾经有一股“干大事”的雄心壮志。经过几十年的磨炼，“棱角”也磨平得差不多所剩无几了。虽然谈不上是老气横秋，却也平平常常，风微浪静。可是，等到了我退休之日，却意犹未尽，总觉得还有许多事情需要我继续做下去。然而，在思想上、身体上深感有些“王小二过年，一年不如一年”的意思。

俗话说：人生七十古来稀么？老汉我今年的岁数早已超过七十啦。纵观“阿拉”这大半辈子，觉得自己没有摔过什么“大筋斗”，基本上还算过得“快活”。什么是快活？通俗点说，就是生活时而高兴、感到甜蜜；时而不高兴、觉得苦恼的“过日子”。现在，人们常常把快活与快乐之间画上等号，这是误解。其实，从哲学上讲它们之间是有差别的。快活是一种生存状态；快乐则是一种伦理学说。快乐的基本思想，是追求人生的最高道德标准，快乐的终极目标，是获得人生的最大幸福。这个概念最早是由古希腊的哲学家亚里斯提卜（前435—前360）、伊壁鸠鲁（前341—前270）等学者提出的。在近代的欧洲资产阶级革命初期，法国的哲学家拉美特利（1709—1751）、爱尔维修（1715—1771）等人又加以发挥，它在反对黑暗的封建专制社会的斗争中，起到了很好的进步作用。所以我们不要轻易地说出“快乐”二字，还是用老百姓的那句老话更好些：俺觉得很“快活”。

同理，如果要咬文嚼字的话，大多数人对“素质”一词的理解，也是不贴切的。在生活、工作中，常有人张口闭口说要提高（某一个人的）素质，而这个词意应该是说加强（个人的）修养，才比较准确。因为素质的本意是指某种专业（群体）的技能水平，把素质（多数词）与修养（单数词）两者混淆起来，也是于情不合、于理不通的，不可取也。

最近，偶然读了作家王蒙写的一篇短文，题目是《我的黄昏哲学》。文中说道：人老了之后，最重要的有三点，一是要有自己的专业；二是要有朋友；三是要有自己的爱好。这三点说得真好，令人拍案叫绝！我以为，自己搞了一辈子造纸，岂能让它付之东流？目前，我国的造纸业还有一些不够完善之处。更有甚者，居然有人（传闻是海归派，不知确否？）还把中国的造纸工业列为“低技术工业”，那么造纸专业必定是“低级专业”了。这种提法，从社会意识、社会平等、社会公平的原则来说失之偏颇，不利于科技人才的培养教育，不利于生产行业的顺利发展，也不利于建立崭新的和谐社会。我们岂能置若罔闻、缄默不语？想起50多年以前，我初学造纸专业之时，稀里糊涂的，经过半个多世纪的学习与思考，我以为造纸业包含的内容，应该是由机制纸、手工纸、纸文化三大部分组成的。如今，轻工系统的“冒号”们只抓一个从外国输入的机制纸，而把中国传统的手工纸统统扔掉，这个是否有点儿“数典忘祖”的味道？

如果你有几个“谈得来”的朋友，彼此有共同语言，互相沟通是有一些基础的。那么传递信息，交流心得，总不会有空穴来风之感，还有可能起到“醍醐灌顶”的作用。我就时刻地关心着我国造纸工业的进展，认真地阅读造纸杂志，经常用电话与造纸业内的朋友交流信息，请教问题。有人说，朋友之间只能在同一阶层中产生，过去有一句口号叫做：“亲不亲，阶级分”。其实，穷人和富人，百姓与达官，草根与明星，白丁与学者之间，并没有难以逾越的鸿沟，可以互相转换，这就是辩证法。他们真的不会成为朋友吗？那也不一定。当然，朋友也分许多种：有两肋插刀的朋友，有情同手足的朋友，有酒肉穿肠的朋友，有翻脸不认人的朋友，总之，还是中国的一句老话说得好：一个篱笆三个桩，一个好汉三个帮；一根筷子易折断，一把筷子抱成团，咱们别忘了，好不好？

至于说到爱好，那是“各取所需、各有所爱”了。人老了，我的爱好除了吃饭、读书、写稿、旅游之外，其他方面都比较简单，不抽烟，不喝酒，不赌博，茶可饮亦可不饮。吃饭是为了生活，我在饮食上以素食为主，只吃瘦猪肉（排骨），不吃海鲜、不吃野菜，不吃太辣的菜肴等。从前在老家每逢过大年（初一到初五），饮食不沾荤，叫做吃“年斋”。常吃妈妈做的私家“十样菜”：就是把白菜、芹菜、青豆、花生、黄花（又名金针菜）、木耳（黑色）、藕条（莲藕切成条状）、香干（豆腐干）、胡萝卜（红色）、白萝卜（白色、长形），先分别炒熟，然后把它们统统放入锅里混合，再加点调料即成。我特别地爱吃它，至今还念念不忘。

读书与写稿是彼此相互关联的。有时候，在读书中发现某个问题，需要深入地研究一下。有了新的看法，就可以撰文一篇。而在写稿过程中，突然无法继续下去，只好停笔，再去读书。我读书的范围比较杂，只要与造纸专业有点关系的书，都会十分认真地去读，有了新观点、新收获还要记笔记（这是很多人做不到的）。这些笔记不知道什么时候突然在脑子里出现，也恰好正是写稿的一部分内容。当然，在疏理文稿中还要不停地斟酌、推敲和润饰，力争做到全面、妥当和完好。写完后，暂放一段时间进行“冷冻”处理。日后再看、再改，直到自我通过了，方才罢手。

以前，我虽然由于工作的关系去过不少地方，但是都带有任务，老怕完成不好，没有心情去游山玩水。自从退休以后，我感觉过去自己对自己“太狠”、太严格了，搞得挺累，现在身心需要放松一下。于是，便拟出了一个“旅游”计划。目标是：把过去向往而没有去过的地方，趁着“身子骨”还能动弹，了却一点心愿。

近 10 多年以来，初步疏理了一下，仅在国内我周游之地计有江苏、浙江、山西、广东、广西、福建、河南、云南、湖南、河北、山东、四川、陕西等省多地。印象比较深的有：无锡的灵山大佛（黄金大酒店）、绍兴的秋瑾墓（孔乙己酒店）、太原的五台山、韶关的丹霞山、厦门的鼓浪屿、登封的少林寺、大理的蝴蝶泉、吉首的凤凰城、承德的避暑山庄、济南的趵突泉和泰安的泰山、成都的望江楼和都江堰的二王庙等。当然，这些多与开会相结合，则会更方便一些。至于去安徽泾县、四川夹江、陕西西安、广西南宁、湖北襄阳、河北迁安、浙江富阳、云南腾冲、甘肃武威和敦煌等地则是学习与考察，不属于旅游的范围，那就另当别论了。

旅游不单是为了放松身心，而且也要为了增长见识。甚至还有可能改变对人生的看法，使自己拥有更好心态的微调作用。所以，旅游时我一方面拍照，另一方面要记录。

年纪大了，记忆力衰减，如果不用文字写下，过一段时间就会忘得一干二净了。于是我便事先准备好了记录本和笔，每次出游遇到了一些小问题或者有什么小心得、小体会、小收获，都会仔细地记录下来。待到旅游结束以后，再翻开这些文字对照所拍下的相片，细细回想，真是别有一番甜美的滋味。

在我选去的一些旅游之地，最好能结合本人的专业，对生产或市场行情尽可能地做点了解。虽然我不是专访，我只是看一看，同时也还要记一记，其功夫在“游玩”之外哩。通过这种不经意的“瞎逛”，对世事、人事和做事都有了更深刻的认识。慢慢地改正“脾气不好”的坏毛病。又通过旅游还锻炼了自己的身体，调整了自己的心态，活动了大脑神经，避开了“老年痴呆症”（医学上正名叫“阿尔茨海默症”）的干扰。腾出了精力、利用余生去钻研本人毕生为之奋斗的造纸专业。宋代学者刘彝（1017—1086）提出的读万卷书，行万里路。着实很有道理。由此可知，做任何事情不可能是孤立的，或多或少的都与其他因素相联系，互相转换，彼此变化。从表面上看，旅游花费了一些时间和金钱，是一种消耗、支出。但从总体上看，旅游对老人也意味着是另一种收获和收入，这要因人而异，其中的衡量标准是不需要、也不可能“一刀切”的。我赞同社会上流行的那四句话：一是，不能挣钱是无产。二是，有钱乱花会破产。三是，赚钱不花变遗产。四是，（钱）用到实处算资产。这个看法，不知阁下以为何如？

保持平和心态

自我退休之后，为了调整生活，制订了“三随”原则。我的老友、《杨振宁传》的作者、《工人日报》原副总编孟东明先生与我“心有灵犀”，他用宣纸挥毫为我题写了这张“三随”的墨宝，馈赠给我。纸上有其浑厚、淳朴、独特的字迹：“君子自重，处世有则，随心所欲，随机应对，随遇而安”（图 14-1）。

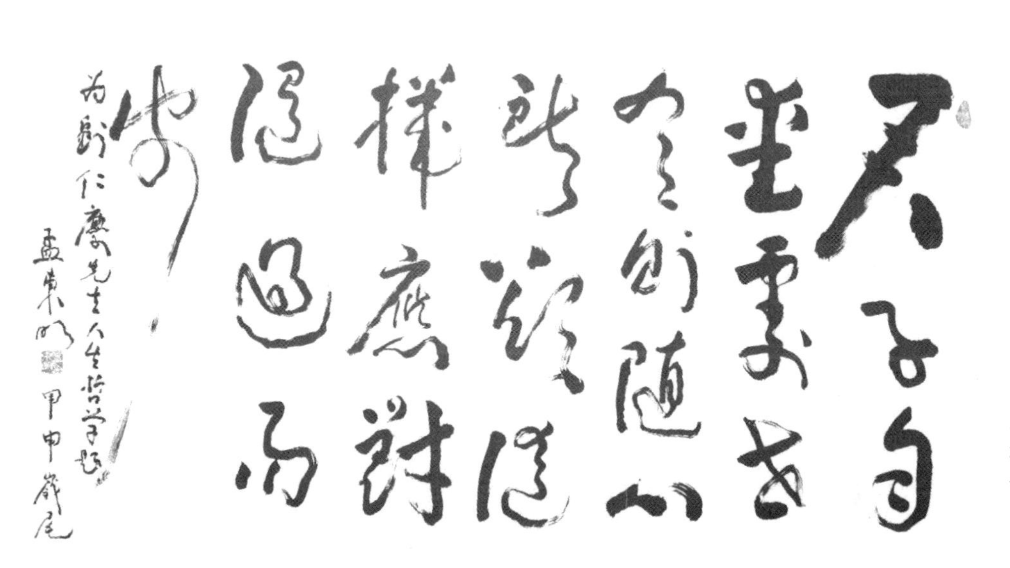

图 14-1　孟东明题词

所谓随心所欲，那就是按照自己的想法、合乎自己的心思，不给自己造成压力、负担，想干什么就去干什么，高兴干什么就去干什么。兴趣是一切行为的源泉，宏观地说生活、学习、工作应该从兴趣出发，不完全是受命令、受禁锢的。兴趣则建立在“自由之思想、独立之精神”（陈寅恪语）的基础上。所谓随机应对，意思恰恰与俗话说的“随机应变”相反。随机应变本是贬意词，即“狡猾大大的有”。把“应变”改成了“应对”，却成了褒意语。随机应对则是说，遇到情况有变，掌握时机，灵活对付，取得主动权。这样便活得潇洒豁达、有滋有味，自得其乐。所谓随遇而安。就是培养自己适应各种环境的能力，遇事不要过于挑剔，烦恼就会大大的减少，心理压力就会缩小。古人云：知足常乐，吃亏是福，争一时无穷烦恼，退一步海阔天高。以平常心去对待生活，你将有一片宁静、清新的心灵天地，摆脱无端琐事所带来的烦恼，能适应各种环境，在任何环境中都能满足。

由此，这个“三随”原则使我的心态、性情发生了很大的变化，变急躁为冷静，变软弱为坚强，变固执为灵活。对事对人都设身处地的寻求一个平衡点，如此，也就化紧张为轻松，化骄傲为谦虚，化糊涂为清醒。同时“三随”原则还使我的心胸大大地宽广起来，第一，再也不掩盖自己的缺点和错误，有了承认自己失败的勇气；第二，交友以诚相待，为朋友取得的成绩高兴，向他学习；第三，对待与自己话不投机的人，甚至诬陷过自己的“仇人”，也不口出“恶言”，采取“一笑泯恩仇”的姿态。说真话，这是我在退休之前很难做到的。

现在，我决心随时随地告诫自己：首先，不懒惰、不闲散，不做“造粪机”（成日里啥事不干，只管吃饭、睡觉、拉屎）。而要“活到老、学到老、干到老”，在专业上不停步，勇往直前。其次，不能轻易改变自己的兴趣爱好、饮食习惯和生活规律。而要按照本人的具体条件快活地过好每一天，不虚度光阴。最后，对不知道、不清楚、不熟悉的事物，绝不充“行家里手”。宁肯说“不晓得”，虚心倾听、做个诚实的小学生，也绝不“说东道西”。学会闭嘴、学会分析，紧跟时代前进的步伐。为实现“中国梦”调整自己的生活观、价值观和世界观。

督促自我反省

曾子（孔子的弟子之一）曾经说过："吾日三省吾身。为人谋而不忠乎？与友交而不信乎？对学传而不习乎？"这段话的意思是，"我"每天都会挤时间多次地检查和反问自己——替人家办事是否不够尽心？和朋友交往是否不很诚信？跟学生授业是否不去复习（备课）？"总而言之，就是要严格地要求自己，揭露隐秘的疤瘌，发扬人性的精华，就是要"在灵魂深处爆发革命"。

我听有人发牢骚，说什么世道纷纭，人心不诚。可以想想《北京晨报》上有这么一句话：如果"每天把牢骚拿出来晒晒太阳，心情就不会缺钙了。"如何对待浊世横流？孔子主张：人应在人世间寻求与他人的契合，在求诸他人之时首先求诸自身，"己所不欲，而勿施于人"，以此来感化世人，激励世人，引导世人。这种儒家思想，与现代社会教育如何结合？还需要进一步研究。但我觉得每一个人或一群人的历史观，必定要受到当时社会条件的局限，极难突破。所以说，很多问题我们是不能够一下子搞清楚明白的，需要等待用时间来验证。而且历史也不一定是有最终的定论的。人们对世事的认识，是永远地不会完整、不会完好、不会完结的。我们自己的确需要经常反思一下自己，问一问自己对自己是否做过深刻的反省或忏悔。如果一个人总是停留在怨天尤人的境地，缺乏奉献精神，那么这样的人活在世上又有什么意义呢？

其实，一个人扪心自问：俺的“一世行”究竟有哪些方面做得好、哪些方面孬？许多老同志都在想，咱在有生之年，何不写写回忆录。这样做的好处：一来可以回忆一下过去的经历，“有点寄托、有点回味、有点意义”；二来还能打发空闲的时间，不会感到孤独、寂寞和无聊。好啦，鼓掌，“乌拉”！（70岁以上的老人，“革命的”同志们，都不会忘记这句口号吧）

不过，谈到回忆录，我有一点感触，建议大家如果有空的话，最好去读一读这两部书：一部是法国卢梭的《忏悔录》（第一部、第二部共两本，人民文学出版社1980年12月第1版）；另一部是巴金的《随想录》（上、下共两集，三联书店1987年9月第1版）。从内容上讲，前一部书“写自责”；后一部书“讲真话”。

这两部书我已经记不得读过多少遍了，至今仍放在书房的书柜里，随时抽出来翻翻，借以警示自己：勇于解剖我老汉，不做坏事做好人。回想我这么多来的平凡生涯，少有“浮想联翩”，多有“难以启齿”。现在，我当众“割尾巴”，从许多件“不那个”的事例中举出两例：第一例是笨拙“暗恋”。我从初中到高中，一直是在读男子中学。那时候，除了妈妈和两个姐姐、还有邻居的小女娃之外，与同龄同辈的异性来往几乎为零。1955年秋季我上大学，开始接触来自“五湖四海”的女大学生，眼睛为之一亮。那时候，我的思想非常正统，组织观念特强，每月写“思想汇报”。但内心里却不安静，时有“躁动”之情。这就是“两面派”的表现之一。当我“相中”某个女生之后（是“一见钟情”还是“前世有缘”？），也不知是什么“东西”作怪，总想找机会去接近她。有一天，还假借要介绍她加入共青团，找她个别谈话，企图拉拢关系。可见我当时的潜意识里，隐藏着什么样的“不健康”思想（其实，几乎每个男青年都有这样的经历，毫不奇怪）。那个有“小资产阶级情调的小姐”对我却无动于衷，最后当然是“虚影”一场。在20世纪50年代，大学里规定学习期间（4年）是禁止谈恋爱的（凡踩线者，处分是：轻者“记过”入档，重者开除学籍），我和当时许多男大学生一样，“有贼心没有贼胆”，终究一事无成。第二例是假蹲“便秘”。在20世纪60年代中期，“文化大革命”风暴骤起。

我这名小助教、“毛主席著作学习积极分子”也受到“莫须有”的殃及。在这种形势下，我心里很害怕，一听到学院大喇叭广播通知“全体师生到礼堂开大会”时，我就溜进3号楼的厕所，那儿人少，后来成了我的“专座”。这便是我害怕挨批，躲进厕所里的“真相”。唉，实在不堪回首，就此打住算了。这些历史往事，今天听是笑话，昨天却是真事儿。我记得北京作家梁晓声说得好，青春逝去，世俗不平，忏悔是人性的主题之一。你想过了吗？

总而言之，回想起来，年老是不可抗拒的自然规律，它的变化、发展是不依人们的意志为转移的。流年似水，宛如现代京剧《沙家浜》中胡传葵所唱的那一句：想当初，老子的队伍……曾几何时，那些发出“豪言壮语”的好兄弟们，一个个都没有“达标”，竟先后悄然地“驾鹤西去”。而老汉我居然苟活到今天，早已超过60岁的界限了。我是平民百姓，保持平和心态，过着平常生活，希望平安一生。所以呀，鄙人就沾沾自喜地鼓而呼。呵哈！活一天赚一天，有一句调侃的话说：健康就是幸福，活着就是胜利，喘气就有效益。只要不闭眼，心脏在跳动，每月的退休金打到卡上，还是少不了的哟，真爽！

十五

我与宣纸

开场锣鼓

宣纸是中国的文房四宝之一，很有名气。我并不具体地说它的历史、制法和应用，而是叙述一个年轻的学子怎样走上研究宣纸之路的。

话头从公元 2000 年 9 月谈起，当月《中国宣纸》（第二版）由中国轻工业出版社出版了。作者：曹天生。在这本书的第一章（20 世纪国内宣纸研究述评）里介绍了我和我的同事们对宣纸润墨性、耐久性、变形性、抗虫性等的研究，行文约 1400 余字。当然这只是我研究宣纸专题的一部分，应该说也是较重要的一部分。事实上，我对宣纸情有独钟，并认为她是“华夏之宝”。因此，自定专题，锲而不舍，投入了不少的精力和时间，并为之乐此不疲。

那么，我为什么要研究宣纸？是什么时候我开始注意宣纸的呢？是谁引我踏入宣纸之门？我在宣纸的研究的活动中有些什么想法、认识、困难、喜悦？凡此等等，一言以蔽之，即是我怎么走近宣纸、品味宣纸的？

在本文中我将如实地回忆和记录这段过程，希望从中汲取心得、体会和力量，以便对宣纸有进一步地理解，从而得知我国宣纸文化的博大精深，并期望今后使之发扬光大。

一点刺激

1959年7月我从广州华南工学院（现更名华南理工大学）毕业，被分配到北京轻工业部转去造纸工业科学研究所报到。不久因工作需要调入北京轻工业学院任教，由此到了一个新环境。

1962年，我和几个朋友到故宫博物院看展览，遇到了一张名家的书法条幅，到底用的是宣纸还是别的什么纸写的？看法不一。其中有一朋友他知道我的专业，便好心地推荐道：他的专业是造纸，让他说说到底什么是宣纸？这是不是宣纸？于是，周围人的视线不约而同地射向我的脸上。彷佛期待一个满意的回答。

天哪！当时我的面孔究竟是什么样儿，没有人向我描述过，只觉得脸发烫到耳根。我吱吱唔唔地搪塞道："这个……我也说不大清楚……"我那时恨不得地上裂出一条缝来，让我钻进去才好咧。这一经历给我的刺激太大了，以至许多年后一回想起来便觉汗颜。

我回想起在校学习专业课时，讲造纸学的何达湘老师，埋怨他为什么不向我们这些学子介绍一点有关宣纸的知识？他写的讲义为什么对宣纸只字不提？以至于让学生今天处在尴尬的境地。然而，过去很久之后，又回想怎么能够把责任全推在何老师身上？那时候对中国的"东西"妄自菲薄，常以为是不先进而很少提及。这么一想，我的心情自然也比较平稳下来了。

从此，我就开始留心查找中国宣纸的资料，以充实自已。但是，宣纸的资料何其少哟。即使有，也仅是寥寥数字，语焉不详。致使我陷入深深的苦恼之中。

前辈开导

1964年5月，中国造纸学会在北京科学会堂召开成立大会暨第一届学术年会。参加会议的多是我国造纸界的耆老、翘楚和精英等。我当时年轻，被分派到大会秘书处“帮忙”。学会的理事长是王新元（时任轻工业部副部长，分工主管造纸），秘书长是虞颂舜（时任造纸局副局长）。会议期间，因分发资料等与造纸研究所的总工程师张永惠相识（我分配到造纸所时没有机会见到他），每每晚上有空闲时我便到他的房间讨教。话题扯到宣纸上，我把自己的想法倾囊而出，希望得到他的指导。张永惠（1903—1974）河北迁安人，早年曾去德国攻读、研究造纸技术，获博士学位。1936年返国，历任原中央工业试验所纤维试验室主任、天津造纸公司总经理、北京造纸试验厂厂长等职务。他的个头不算高，矮矮胖胖的，鼻梁上架有一付玳瑁式眼镜。说话时态度和蔼，平易近人。他说：“二十多年以前，当我从欧洲回国，为了复兴中华的造纸业，曾到安徽泾县考察过宣纸，写过一篇很长的调查报告。但是，后来我没有能够继续做下去。现在，我很高兴见到你有劲头和信心。不过，研究宣纸是很难的题目。光有决心、勇气还不够。你要做好充分的思想准备。”

这位长者的肺腑之言，若干年之后，我才慢慢地领会其中的真谛。这是后话，下边再叙。而当时我正是一个热血方刚的青年，有一种犟劲，“越是困难越向前”。经过一段时间的准备，1965 年夏，利用学院放假的日子，我独自登上了南下的列车，要像“张总”那样，到实地去具体了解一下宣纸的生产，从而获得感知。

打开视野

20 世纪 60 年代，从北京去安徽泾县，先要沿京沪线到南京，再从南京到芜湖，由芜湖乘长途汽车到泾县县城，因为宣纸厂在乌溪镇，距县城还有三十多里远。所以还要乘车加步行才能到达目的地。记得从北京出发时，烈日似火。车厢里闷热难熬，到南京时天气转阴，等我从芜湖买车票去泾县时却是滂沱大雨了。而我心里十分后悔，为何忘却老母亲教导的“晴戴雨伞，饱带干粮”的经验之谈呢。

图 15-1　1965 年泾县宣纸厂之一角

等我乘车、下车沿着泥泞的小路，东打听，西找寻，蹒跚而行，终于来到山坳中一片厂房门口的时候，自己已经是一副惨不忍睹的“落汤鸡”形象了。至今回想起来，我是多么地感激宣纸厂里的那些不相识的工友们。一听说我是从北京来的，他们帮我提包、引路，在招待所住下，打来热水，替我烤干衣服，真正是股股暖流，流入我心间（图 15-1）。

在厂长办公室里，我拿出了轻工

业部造纸局的介绍信。正在交谈中，有一位干瘦的中年人走了进来。厂长向我介绍说：这是我厂技术股的周乃空同志，请他领你参观吧。周乃空（1932 年生），浙江桐庐人。1954 年从空军某部转业到泾县宣纸厂工作，他虽然只有初中文化，但凭借着顽强的自学精神，刻苦钻研，虚心请教，努力实践，大胆创新。1958 年他就在《造纸工业》杂志（中央轻工业部造纸局主办）上发表论文。曾被誉为“技术革新能手”。后来还搞了许多宣纸技术上的改进，关于他，我在后边的叙述中还要介绍，特别是他对机制宣纸的“攻关”问题。

初到“手工纸”(宣纸)的生产现场，与我过去在广州实习的“机制纸”——新闻纸的车间完全不同。1956 年广州造纸厂从芬兰引进的高速新闻纸机，当时抄速为 400 米 / 分。而从手工纸槽里捞一张宣纸，一般手艺高的一分钟可以抄两张，这两者相差何其大焉。因此，机制纸厂环境的喧闹，手工纸厂环境的宁静，在我的脑海中恰成鲜明的对照。周乃空伴我去看乌溪河，我穿着塑料凉鞋把脚伸向河水试探地搅了搅，感到很过瘾。这是贯穿泾县宣纸厂里的一条小河，弯弯曲曲，流水潺潺，清彻见底，水质极佳。据介绍，此河的水量充足，常年不断。更有意思的是，它还分为两叉支流：一条供制浆使用；另一条供抄纸使用。到下游又“合二为一”了。

我们还去了关猫山，仔细地考察了青檀树——这是制造宣纸的主要原料。很多年之后，我在一篇文章里写道：足涉乌溪河，登上关猫山，手触青檀树，目染杨桃藤。我像沙漠中的旅行者突然发现了绿洲，遇到了甘泉。这的确是我当时的感受。我继续写道：“在我眼前显现出这样的捞纸场面，纸槽大如池塘，十多个人共抬一长形巨帘，有掌帘、送帘、抬帘、提帘、放帘者。一声令下，动作协调，整齐有序，帘上顿时展成薄薄的湿纸页，犹如刚出锅的嫩豆腐，真是闻所未闻，更谈不上能够亲眼所见了。”这难道不是大有收获吗?

深入实地

1966年12月份，当我再次到达泾县宣纸厂时，天气挺不好，阴沉沉的，好像要下雨。这与上一次我来厂的情形形成十分强烈的反差。厂里似乎已经处于半停产状态，打听周乃空在哪儿？回答是：不晓得。好不容易在半山坡上找到了周乃空的家。据他的妻子说，“老周出门了。”后来才知道实际上是被“造反派”撵跑了。我看见他的家，阴暗潮湿，几个小娃儿在地上爬。一个大木盆里堆满了湿衣裳。我不忍打扰，就在厂子周围稀里糊涂地转转，熟悉环境。这就是我第二次去“宣纸之乡”，可以说是收获甚微。

1969年10月，我通过朋友介绍结识了荣宝斋画店的副经理王士之等。又通过他认识了经理侯凯和画家阿老的妹妹老惠英，以及再转识了一些画家和文化人士等。使我能够自由地出入内店，尔汝之交，耳濡目染，从而懂得了不少与宣纸有关的国画、装裱和木版水印，以及北京掌故、美术圈内逸事等诸多方面的知识。

1973年，我又一次去了泾县乌溪，这次见到了周乃空，“厂子在生产，产量却不大”。我趁此机会想找几位工友开个座谈会。据我查到资料本上的记录，参加座谈会的人员有捞纸师傅曹元吉、冯发祥，晒纸师傅曹禄生，检验工人褚秀兰等多人。会议由周乃空主持，他先把我介绍一番，然后解释开会的目的，请大家踊跃发言。

宣纸厂的工人，大多数是当地人，又以姓曹的居多。如果不姓曹，只能是外来户。他们的文化程度一般不高，生产技能要靠师傅言传身教。我想通过座谈会了解什么呢？一是工人们的生产情况；二是他们的困难和想法；三是向他们学习，询问一些自己还不很明白的东西，如“打八字”（晒纸的土术语）之类，请他们说明、表演。只是他们说的皖南话我听不大懂，有时还要由别人用普通话解释一番，以便做好记录。

《人民中国》

1973 年 11 月份，在北京出版的一本日文刊物《人民中国》，用两个版面的篇幅发表了我写的第一篇宣纸文章，引起了媒体的关注（图 15-2）。不久，日本的每日新闻社出版的《书法之用纸·日本、中国、韩国》一书、东京木耳社出版的关义城著述的《手工纸史之研究》一书，都全文予以转载。

这篇题名为“宣纸”的文章是由曹复先生经手为责任编辑的。话由是从 1972 年年底说起，当时许多中文刊物被

图 15-2　《人民中国》1973 年 11 期封面及内文

迫停止印行。《人民中国》是外文出版局出版的少数对外宣传的综合性期刊，一直是在中国编辑、出版，在日本发行，以日本国民为读者对象。这时，《人民中国》刊文的内容，多半是关于中国的山川、物产、风俗等。还有大量的政治性文章，会令人感到枯燥乏味。有一位日本人给《人民中国》编辑部写了一封信，声称自己是一名中国书画的爱好者，听人讲中国的宣纸挺有名，但在日本很难找到有关资料，贵刊能否介绍一下？

另外，正巧《人民中国》在1973年6月号上发表了一篇介绍中国造纸的文章。我读了以后觉得有的观点值得商榷，便给编辑部打了一个电话。于是，编辑部就约我撰文，写一篇新的关于宣纸的文章。

我很快地把“宣纸”稿写完，洋洋数千言，仍觉得“意欲未尽”。稿件送到编辑部之后，我满以为很快能看校样，谁知三个多月音讯全无。我也弄不懂是什么原因，更不敢冒然追问，害怕会不会发生笔误而出问题。于是便时不时地拿出复写稿（我写稿的习惯，一般是用圆珠笔和拓蓝纸一次写两份，一份送出，一份留底）仔细地校读。一想到这事，仍然免不了心惊肉跳，夜难入眠，真正是苦恼之极呵。熬过了一个炎热的夏天，转眼间快到秋季了。有一天，本单位的“政工组”通知我，《人民中国》来电话，请我尽快抽时间去一趟，有事商量。

至今我还在感激《人民中国》的两位编辑：丘桓兴和曹复。丘桓兴是编辑部的负责人之一（相当于副总编），他很诚恳地对我说：“总的说来，宣纸一稿写得不错，内容丰富，文字流畅，说明您是花了不少功夫的。但是，《人民中国》是一本对日本朋友进行宣传的刊物，读者面大，文化水平参差不一。他们对宣纸也不用了解哪么多，有一个基本概念就可以了。同时，文章要有可读性，把大家关心的几点突现出来即可。所以，我们想请你压缩一下，具体问题由曹复同志与您研究。”在责任编辑曹复的帮助下，重新另起新稿，大约是两千字，修改了两次，文章中突出宣纸的简史、制法和特色三个重点，再配以三幅生产照片，很快刊出，并获得好评。我也从中积累了写短文的经验，心甚喜悦。

收集资料

我在大学里所学的造纸课程，全都是讲机制纸的。而我眼下想弄清楚宣纸，却是地地道道的“国粹”。有一次，荣宝斋资料室的老惠英说：“我看你这个人是很有点钻劲的，关于宣纸的资料的确不多，而且很散乱，东一点，西一点。你不妨去柏林寺版本室（即北京图书馆分馆）看看，那里的古老的资料比较多，试一试吧。”

从此开始了我“泡北图”（即天天去分馆）的生涯。我先开了一张介绍信，然后根据书卡盒的索引，列出一长串书单（包括一些老杂志、老报纸等）。在日复一日的查找中，我逐步弄明白：古籍的分类与现代书的分类是很不同的。哪些线装书一堆堆、一匣匣，哪些老报刊一摞摞、一摊摊，真使我目不暇接，眼花缭乱，也感到美不胜收。我每天上午八点半进馆，下午四点半出馆。中午自带馒头和咸菜，一口气看了三个多月，精神抖擞，毫无倦容。难怪有的图书馆的工作人员问道：“您是专案组的吗？这些天来有收获吗？”我连连点头回答说：“嗯，很大很大，谢谢！”其实只有我心里明白，他问的和我答的完全是两码子事哩。

当我翻阅《朴学斋丛刊》的时候，眼前突然一亮：“宣纸说”三字跳将出来。我赶紧查此文的作者，原来是胡韫玉（1878—1947），安徽泾县人。好在原文不长，约550字，我拿出资料本工整地抄录下来。当我查阅《工业中心》杂志的时候，在第5卷第10期（1936年10月出版）上发现了魏兆淇先生写的“宣纸制造工业之调查”一文。接着，又惊喜地在第6卷第9—12期合刊（1937年9月出版）上读到张永惠先生写的“安徽宣纸工业之调查”，这下子我终于明白在张老总之前，已经有人也在关心我国的宣纸工业了。等到我决定暂停去柏林寺时，资料本又多出十来本了。

与此同时，我还发出一些信，请朋友们帮我收集有关的资料。现摘录周乃空的来信，可知我提及的是些什么问题："仁庆同志:（前略）……我上次在信上讲的“额竹”和“稍竹”是指装钉在帘上的两根竹子。“额线”是额竹和帘子结合起来的那一条线，这条线对分纸很重要。稍竹的作用是供提帘上架、方便操作。额竹则是使纸张能够更好的分离……帘子最好用苦竹（编织），因为苦竹节稀，别的竹子当然也可以，但是竹丝短，比苦竹差得多。帘子是编好后再漆的……你需要的帘子样本，我现在在干校无法给你寄去。五月中旬我可能要回去一次，届时再给你寄去好吗？”若不是搞宣纸专业的，是不会对这些细微末节的问题感兴趣的。

重见乌溪

1978年，北京科学教育电影制片厂的导演赵莹、副导演齐树平到单位来找我，他们说要拍一部科教片，片名暂定为：《纸的历程》。遂邀请我当技术指导。在准备开拍之前，还要去各地采访、摄外景，让我跟着他们一同前往。

这是一次丰富多彩的出行，历时两个半月，足迹遍及西北、华北、华东等7省3市，行程近万里。我们到过旱滩坡的汉代古墓旁；我们欣赏敦煌莫高窟的壁画；我们参观迁安县的高丽纸作坊；我们去看顺昌的抄毛边纸表演；我们在杭州、上海接触各种各样的特种纸。当然，按照计划安排，其中必定去泾县宣纸厂。

我又一次来到乌溪，这是第四次故地重游。我要把过去还没有弄清楚的问题疏一疏，编成"辫子"，以便尽可能地逐个解决。我们一走进厂招待所，就看见墙上挂着一幅郭沫若的题字，上书着："宣纸是中国劳动人民所发明的艺术创造，中国的书法和绘画离了它便无从表达艺术的妙味"。这是怎么一回事？不是说郭沫若的题字丢失了吗？

因为要拍电影，选镜头，配台词，所以有些科学道理必须讲清楚，不能含糊其词。例如，乌溪河分叉的两条支流，两者有何不同？为什么？我这次就利用pH试纸做检查，结果是河水一条呈碱性；另一条呈酸性。为了复验和确保实验的正确性，我们还用塑料瓶取水样带回北京，再次用 pH 计进行精确实验。至于为何出现这种看似奇怪的现象，据介绍，本地的乌溪河的水源头是来自后山（关猫山脉），溪水自后山洞口冒出，由于山洞里是石灰岩结构，水经过与石灰混合后，再流出的水自然是呈碱性。后山上还有一片树林（青檀树和其他树的混合林），每到秋天落叶满地，树叶经溪水侵泡，慢慢地腐烂朽坏。于是便产生了有机酸，日积月累，这条流水就变得含有酸性了。

量化研究

多年来，我在对宣纸的历史渊源、制作工艺、产品性能等课题的研究工作中，经常考虑一个问题：为什么现有的宣纸资料里多数是定性的说明，很少有定量的判断？没有一个数量化的概念，以至于有时难以令人信服。于是从1981年起，我自定研究目标，着手对宣纸的润墨性、耐久性、形稳性（变形性）和防虫性进行比较深入地探讨。因考虑自身势单力薄，故设法与兄弟单位合作，发挥各自优势。其中有中国科学院植物研究所、国家档案局科学研究所、中国地质科学研究院分析室等。因为他们拥有的仪器、设备，以及分析人才在国内都是堪称一流的。

1985年，我与胡玉熹合作在《中国造纸》杂志上，发表了“宣纸润墨性之研究”的专题论文。本文从宣纸的吸附性能、纤维形态和内含成分等三个方面探讨了宣纸的润墨效果及其最佳润墨性的原因。根据研究获得如下结论：①青檀树韧皮纤维的均整性好，壁薄，柔软适度。尤其是经自然干燥后，韧皮纤维细胞壁上分布有许多与纤维长轴平行的皱纹，故是制造宣纸的理想原料，也是润墨性佳的重要条件。②利用SEM、IR、XRD等现代分析手段，证实了宣纸中存在有结晶碳酸钙和无定形二氧化硅等两种主要的内含物。宣纸的润墨性取决于青檀树韧皮纤维细胞壁上皱纹间积留的结晶碳酸钙，而无定形二氧化硅至多只能起到辅助作用。③宣纸的润墨效果主要表现在纸面吸墨后扩散的纵横向差、吸墨的深浅度和浓淡分明的层次性。特净皮宣纸的润墨性最好，主要是含有的青檀树韧皮纤维原料较多。因此，在一定范围内，宣纸中含有的檀皮浆越多，其润墨性也越佳。对此，《中国宣纸》的作者曹天生博士认为："刘仁庆关于宣纸润墨性（论文的发表）是国内最早、全面论述这一问题的研究，也是国内迄今为止最具说服力的研究"。

接着，1986年，我与瞿跃良合作又在《中国造纸》杂志上，发表了"宣纸耐久性的初步研究"的另一篇专题论文。本文就研究过程中的取材、不同温度下的"老化"试验、预测纸的"寿命"试验等进行了详细的论证。最后得出如下结论：①对多种纸样的老化试检表明，宣纸的耐久性最好，它的寿命（模拟人工老化时间）可达1050年以上。②宣纸耐久性好的主要原因是与纸的pH值有密切关系。因此，欲提高纸的耐久性，延长其寿命，应大力研究和发展碱性造纸工艺。③宣纸耐久性好的另一个原因是与青檀韧皮纤维本身的优异性能分不开的，它能够耐久而不易损坏。因此，深入地研究青檀树的栽培、生长、砍伐，对于宣纸的生产发展，具有重大的实际意义。对此，曹天生博士指出，这个课题的研究，把人们常讲的宣纸有"纸寿千年"的说法，加以科学的论证，并明确了具体的年数。同时，还分析了宣纸寿命长的多种原因。这篇论文为探讨宣纸由定性研究走向定量研究做出了表率。

泄密问题

1983年，首都有些报纸发表消息，声称我国传统的专利技术泄密严重，并以宣纸和“景泰兰工艺品”为例。报道说，由于我国专利技术保密制度不严，造成不少传统技术泄密。尽管国家颁发了科技保密条例，但在实行改革开放过程中，在同国外开展科技交流与合作的同时，注意“内外有别”不够，以至不时发生泄密问题。

报道又说，安徽泾县生产的宣纸，在世界上是首屈一指的。1981年有几个日本商人要求参观在安徽泾县宣纸厂帮助下建立起来的一个宣纸厂。到厂之后，他们看了这家纸厂的宣纸样品，并表示：泾县第一，日本第二，这家纸厂第三，中国台湾第四。遂进行“技术交流”：第一天听情况介绍，参观宣纸生产的全过程；第二天座谈；第三天日商对宣纸生产的全过程进行录相。在参观和座谈中，日商对宣纸的生产技术问题询问甚详，如原料的种类和配比，原料的选择和处理，浸泡时间与气候之关系，蒸煮用的碱液浓度等。此外，他们还索取了檀树皮、长稻草浆和野生杨桃藤，以帮助化验为名用瓶子装去了造纸用水。全部生产宣纸的技术，从原料到产品，都被人家搞走了。这势必会影响泾县宣纸在国际市场上的销路。

后来，听说有一姓曹的记者，在新华社的（内）刊物上发表文章：“泾县人惊呼：宣纸技术无密可保了”。文章中有一段说，据了解，《中国造纸》杂志1985年第2期发表了一篇宣纸论文。作者：刘仁庆（北京轻工业学院教授）、胡玉熹（中国科学院植物研究所研究员）。此文16开纸，七页，五张照片，十一张图表。结语就怎样使宣纸产生润墨效果提出三点。科学论证之严密，数字之准确，分析之透彻，凛凛然不可怀疑，实在叫人震惊。刘仁庆教授是国内研究宣纸的专家，关于宣纸技术的文章，曾多次在国内外发表。据绝对可靠人士透露，刘仁庆写了一本名为《宣纸》的书，已于去年年底脱稿，甚至可能已交轻工业出版社出版。这位人士说，内有大量关于宣纸技术的内容及照片，不少都是属于保密的（范围）。

宣纸的“泄密问题”，老早就有了。盖窃取宣纸生产技术秘密者，其中以日本人为数最多、最挖空心思。清朝光绪九年（1883年），日本人井上陈政曾去泾县，为探听宣纸制法，以记日记方式记录。回国后写出《清国制纸调查日记》，于1934年在东京公开发表。20世纪初，又有日本人内山弥左当门，深入到泾县小岭地区，了解宣纸生产情况，后来在1906年写了一篇长文《中国制纸法》，文中第三章专门介绍了宣纸的产地、纸之用途、制法等。1937年卢沟桥事变后，日本侵略者也千方百计设法去搞宣纸技术，遭到有良心的中国人极力反对，几经未果。

但是，据我了解，有的日本人如东京农工大学农学部教授大江礼三郎，他就不同意日本花很大气力去搞宣纸，因为日本本土缺乏青檀树等原料和相应的生产用水。如果需要宣纸的话，向中国购买就可以了。

关于宣纸的泄密，曾经有过争论。一种看法认为，国外有的人利用参观、考察、商务的机会，窃取资料、情报。

回国后仿造了所谓的“新宣纸”，几乎达到以假乱真的地步。这样就冲击了我国的宣纸出口量，经济上蒙受损失。因此，一定要加强宣纸的保密工作，采取相应措施，堵塞漏洞。按照他们的意见，今后泾县宣纸厂，不仅对外国人不能开放，对国内人员参观也应控制。对这一点，我是有很深的体会的。

另一种看法认为，在高新技术日益发达的今天，传统的生产技术虽然有其特色，但若是重新照搬制作，简直是不可能的。宣纸的生产除环境、原料之外，还有一个手工艺的特征，即需要掌握特定技能的人，而手工生产的大部分操作都有“只可意会而不可言传”的妙处，非经过长期、严格、反复的实践方能领悟其道。绝不可以为只要有原料，照单抓药，熬一砂锅，就能大功告成。

因此，那种以为宣纸泄密，大祸来临的说法，不是危言耸听，就是一知半解。那种把宣纸生产神秘化的观念，也产生了负面作用。再加上泄密问题搅合在一起，使生产成员之间对各个制作工序也严守秘密，势必造成技术上的退化，也不利于宣纸技术的改进和发展。

机制宣纸

早在1957年轻工业部造纸工业管理局的总工程师陈彭年，在《造纸工业》杂志上发表文章，提出了关于宣纸的机械化生产问题。他说，根据部长的指示研究以下问题：①就现有基础（提出）改进宣纸生产的方案；②宣纸是否可机械生产。经过一番考虑和分析，陈彭年认为宣纸生产中的制浆工段机械化是比较容易实现的。打浆工段，如能注意打浆机的结构与工艺操作中的要点，用打浆机也是可能的。最困难的是抄纸工段，其困难不在浆料配合与输送工序方面，而在抄纸机本身的构造必须经过研究、特殊设计、试用与改进，方才可以达到不失原来宣纸的外观与性质。这一系列有关设计问题较为复杂，只好留待将来再说。

经过三十年后，周乃空想尝试一下“抄宣纸机”的味道。此前，因为檀皮浆用碱性蒸煮已不成问题。采用机电荷兰式打浆机业已实现。唯独抄纸机还没有人碰过。我在前边已介绍过周乃空，他的苦干、钻研精神是令人感动的。但是，当他把抄纸机的想法告诉我，主要是借用1760长网机时，我对这一构想执谨慎态度。因为从技术发展史的观点看来，机制纸走的是快速、强制加工的一条路；而宣纸走的却是慢速、缓和加工的另一条路。这两条路怎么结合？恐怕不是借用一台机器、改一下工艺就那么容易解决的。另外，用机器代替手工还涉及技术经济学的问题，我对此表示怀疑。

周乃空是从什么时候开始注意宣纸抄造的新工艺——“机制宣纸”的呢？据说，早在“文化大革命”后期，周乃空就仔细地思考这个问题。到了 1977 年 8 月，他正式向国家科委申请“宣纸抄造新工艺”，后获批准，并确定周乃空为项目负责人。不久，周乃空拿出了一套技术方案。在安徽省科委的支持下，对技术方案进行了多次论证。正在这时，意想不到的事情发生了，周乃空被调离了原来的工作岗位，项目被搁置起来。他并没有因此而倒下。一方面对技术方案做进一步的修改、补充；另一方面向领导机关多方奔走呼吁。

1984 年，几经周折，在国家科委、省科委和县政府的领导下，周乃空着手组建泾县宣纸二厂。按照上级的想法，泾县宣纸厂（乌溪厂）的主要任务：生产红星牌手工宣纸，打出此名牌，维护传承宣纸的声誉；泾县宣纸二厂（县内）的主要任务：生产机制宣纸（曾设想为鸡球牌）。周乃空接受这一任务后，异常振奋，全身心扑在建厂工作上。他曾对二厂的工人们说；“你们得有思想准备和我一起滚钉板呀！”多少个日日夜夜过去了，周乃空的双眼熬红了，面孔消瘦了。累了，坐在椅子上歇一会儿；困了，用冷水冲一下头，转身又进车间。工人们感慨地说：“厂长真能玩命。”可周乃空心里想的却是要把耽搁的时间追回来。

1988 年 5 月 25 日，在北京人民大会堂东大厅，举行了国家级科研成果的专家鉴定会。鉴定书说：“泾县宣纸二厂新工艺是成功的，技术上可行，经济上合理，是宣纸发展史上的创举。新工艺宣纸不仅保留发展了宣纸传统工艺特色，而且在撕裂度、帘纹外观、耐老化、吸水性、裂断长等理化指标超过了传统工艺生产宣纸的要求，具有劳动强度低、生产效率高、成本低、经济效益好的特点……”我没有参加那次鉴定会，具体情况不清楚。但是，当看到、摸到由 1760 长网机抄出的机制宣纸的时候，我觉得其手感远远不能与手工宣纸相比。同时，成纸放置一段时间之后，色泽变暗、纸质变硬，品质下降。

1994 年我陪同韩国手工纸参观团一行，还特地到泾县宣纸二厂去了一趟。只见一台 1760 长网机静悄悄地摆在车间里。我询问到底是怎么一回事时，陪同的二厂新任肖厂长说：这台机已经很久没有开动了，投资 1000 多万，抄速才 50 米 / 分，成本太高，很不划算。我听了感到十分惋惜。几年后又听说，由于 1997 年东南亚金融危机，我国宣纸的出口外销大受影响。同年 10 月，泾县宣纸二厂被撤销。二厂的技术人员并入泾县宣纸厂，其他人员另行安排。不知那台 1760 长网机的命运如何？它还在“睡觉”吗？

本子没收

经过几年的努力，我所收集的如果是公开出版物上宣纸资料，大部分都有了。但是，有些内部资料（它们绝大多数是手写的、油印的）我却见到的比较少。因此，我的一位好友建议去轻工业部档案室“碰碰运气”。

一张介绍信，我便兴冲冲地到部里档案室“淘金”。开头还是比较顺当的，我的资料本上记录的文字一次次增多。管理员是一位男士，他很内向不爱说话，偶尔也问我两句：你在学校里干什么？某某某你认识不认识？大约去了二个礼拜（一周去三、四个半天），他看见我每次都那么辛苦地伏在桌上抄写，有时还为我倒一杯开水，使我很受感动。档案室内的资料还真不少，但那时复印机不普遍，需要手写一段段摘抄，分外吃力。我却毅然决然地做下去。

到第三个礼拜，眼看工作即将完成。一天，我正在埋头抄写，有一个女同志走过来，她问我抄写这些资料干什么用？我说，我是搞造纸的，正在整理有关宣纸的资料，而且准备对这方面进行科研“立项”，希望得到部里的支持和帮助。她朝我面前摆的资料本“扫”了一眼，说道：“我要看看你抄的是些什么？有没有不该抄的？”我说：“本子上有的是在别处记的资料，只有一部分是在你们这里抄的”。她又说：“没关系，我看完马上还给你！”

那天下午，我一直在档案室里呆等到下班时分，压根也没有再见到她。我突然意识到发生了什么事，难道她“用计”没收了我的资料本？她为什么要这么干？真让我迷惑不解，但愿当时的她只是出于愚昧无知和盲从守职而已。我突然想起张永惠总工曾经对我说过的那句话：研究中国宣纸是很难的题目呀！

（附记：后来我请求轻工业部办公厅主任帮助寻找那个记录本，回答是找不到了。）

编书出版

经过多年的积累，我已经掌握了较多的宣纸资料。鉴于在国内外，还没有一本全面地介绍宣纸的专著。在友人的鼓励下，曾设想就中国宣纸的历史文化、工艺演变、应用美学等撰写一本书。设想其写法应避开传统的思路，给读者以更多的启迪。但是，起草了几次提纲，均难以令自己满意，终因在构思上还是囿于“老一套”而暂且作罢。

我把自己的想法来回梳理了几遍，决定先编一本《宣纸津梁》，它的内容是把近半个世纪国内外（中国和日本）所发表的宣纸文章撷其精华汇总而成。这本书的选题很快被轻工业出版社采纳，他们以为“过去还未有同类书籍出版”。但是，原稿必须由轻工业部保密委员会审查通过、盖章同意后，方可发排，正式出版。

为了这个“审查通过”，我不知往轻工业部“保密委”跑了多少次。

在我的一再要求下，终于在轻工业部二楼会议室召开了一次宣纸审稿会。参加会议的人员，除了领导和有关的工作人员之外，还有轻工业出版社的赵震环副社长、滕炎福副总编辑等。会议开头的发言多是讲的一些套话。随后进入了讨论宣纸一书的审稿与出版的话题。突然，有一位领导大声地朝我问道：“喂，老刘同志！你说宣纸的生产有机密么？”我停顿了一下，平静地答道：“您说呢？”这时候，会场上的目光都集中到我身上来了。领导仍紧追不舍，“我是叫你说说嘛！”他说。

我站起身来，以坚定的口吻说道：“那么，既然领导这般看得起我，一定要我说，今天我就豁出去了。请大家留意、听好，我只说一遍！”这时，整个会议室内一片寂静，如果有人此刻掉下一根针在地上的话，准会听得一清二楚。“那么，宣纸生产技术的机密到底是什么呢——”我拉长了声音。这时，我仿佛看到许许多多的耳朵都竖起来了。我加重口气道：“只有三个字：不能说！”接下来听到的是一片哄堂笑声。

我跟领导开了一个小小的玩笑，但愿他“宰相肚里能撑船”，不要忌恨我。写到这里，我还要提一下轻工业出版社的赵震环和滕炎福两位，向他们表示真诚地感谢。上边说过，原来的书名叫《宣纸津梁》，他们以为“津梁”二字不够通俗，还是改一改为好，这是第一条。第二条是，审稿会上提出对收集的文章要大删大改，必须完全接受，否则后果难以预料。他们很直率地开导我，“刘老师呵，后退一步天地宽。来日方长哟。”

由中国文房四宝协会提出的审查意见的复印件，终于传到我手中。其审稿意见为：“一、这是一本资料汇编性的书，编者悉心收集了近50年以来国内外有关宣纸的述评文章，是具有一定价值的，是中华人民共和国成立以来我国文房四宝研究工作的成果之一。从经验总结、知识推广和普及对宣纸特性的认识来说，此书经编者作进一步修改后，可以印行。二、本书的修改，建议侧重以下几个方面：（1）编选文章应再增加唐宋以来的一些散篇记述。以增强宣纸历史传统的概念。（2）选编文章不宜全篇录用，防止多处重复。否则既占用了篇幅，又使读者阅读感到疲劳。可按大小标题内容节录为好。（3）现代出书，尤其是技术知识性的书，应讲求发展性、科学性。因此，对选录文章中有些因历史局限的结论、误解、误传等，应加以订正（脚注）或删节，防止对后世传讹。（4）为保护我国生产专利，对书中不利技术保密的部分，应采取删节或缩写的办法，加以隐释。以前对专利、保密强调不够，虽有报章披露，因有碍于各方面的局限，时过境迁，尚未引起人们的警觉。但在科学时代的今天，必须加强对专利内容的控制。本书稿涉及此类问题的应在有关方面删改。三、关于宣纸生产技术保密工作，应侧重以下几个内容：（1）详细的生产操作工序、周期、原料配比等，均不作详细介绍，或删节，或缩写处理。（2）杨桃藤名称，从现在起不再明文提及，需要提及时，改为某种藤、植物胶的提法。（3）檀皮、沙田稻草和水的成分的构成、比例、实验结果等文字、图表不再公开发表”云云。

无论如何，我应该感谢他们那一句：“修改后可以印行”。其结果是40多万字的原稿，后来几乎“修改”了一半，再经过一番忙碌，终于在1989年改书名为《宣纸与书画》付梓，与海内外读者见面了。《宣纸与书画》的署名：刘仁庆主编，但是并没有完全按我的意图出版，书内的文字、图表等显得不够精细和流畅，给人的印象并不十分理想。即便如此，《宣纸与书画》出版后，由北京新华书店、荣宝斋、安徽文房四宝堂等处发售，受到了各界人士的关注。北京的著名书法家赵朴初、李铎，美术家张仃、画家卢开祥，台湾造纸史专家陈大川，以及日本造纸博士小林良生、画家林功等，都表示了很大的兴趣。有的读者来信说，《宣纸与书画》这本书编得很好。

对宣传有悠久历史的中国宣纸的特点、用途，保存中国民族文化，使国内外有识之士，有个比较系统的认识，确实做了件好事。

撰写条目

20世纪80年代后期，《中国大百科全书》陆续编辑、出版、发行。“轻工”（轻工业之简称）卷也在其中，这一卷内包括有：造纸、皮革、食品、制盐、烟草等工业。造纸工业的主编是周湛（原造纸局副局长）。我应邀参加了造纸技术发展史、宣纸等条目的编写工作。这里值得一提的是，关于宣纸的加注英文名称的问题。《中国大百科全书》的编纂条例中，有对“中国特有事物”可不加注英文名称的规定。做出这种规定的原因，可能是由于中国特有事物国外无相应名称，要做到准确翻译也比较困难。如天文学上的“干支”“分野”等。但是，一般工业技术条目，少有这种情况。而且笔者认为，从国际文化交流角度看，中国特有事物，反映中华民族文化特征，更应该加注英文。同时，中华民族文化是多头输出，同一事物，不同译法，难免造成混乱。而《中国大百科全书》的编辑和撰稿人选，多是国内专家。他们拟出的英文名称，应该成为权威性的依据。

具体说到宣纸，过去出口的宣纸的英文名称为Fine paper from Shuan-Chen 意思是“从宣城出产的好纸”。有一次，一个英国博物学、手工纸访华团（其成员还有法国、西班牙、荷兰、以色列等其他国家的人），在北京友谊宾馆座谈时，曾经问过这是什么意思？我当时没有正面回答。所以，一直在考虑宣纸的英文名称。经过请教语言学家、比较几个译名之后，我断然采用了“Xuan Paper”作为宣纸的英文名称。

1990年2月8日《光明日报》第3版，发表了一篇署名文章，文中提到：“把宣纸英译为Xuan Paper，非常贴切。一眼就可以看出其意义。像这样的英译不但中国人觉得好，外国人也容易理解和接受。”这样一来，宣纸才有了统一的英文名称。

陪韩访泾

1994 年 5 月，韩国手工纸参观团一行 7 人，到中国进行考察。带队的是韩国化工研究院的吴世均博士，还有忠北大学的赵南奭教授等。他们自我介绍，吴博士毕业于美国威斯康辛大学造纸科学系，曾在日本造纸厂工作多年。他们通过中国国家科委、汉城驻北京科技联络所的李精一先生（韩国人），邀请我为该团的参观指导。主要目的是走访中国现有的手工纸产地，调查生产状况，供韩国发展手工纸制作之参考。特别是点名要参观泾县宣纸厂。

在商定参观计划的时候，安排首先在北京参观中国最大的造纸研究所，由李威灵所长、邝仕钧总工程师接待。其次，去河北迁安参观“高丽纸的产地”，请北方书画纸厂厂长李秀华介绍。第三，到杭州浙江省造纸所参观他们的手工纸研究室（曾经接受美国马里兰州大学的师生一行来实习），由所长邬企彭、室主任周斐灿讲解。第四，去浙江富阳参观手工竹纸。最后，到龙游宣纸厂参观“加工宣”的制作。最后的压轴戏是，前往参观泾县宣纸厂。

在泾县，由中国宣纸集团公司接待韩国客人。该公司的总经理刘长印、副总经理崔保来、袁祖平、胡业斌、洪叶菊等人出席介绍情况。自改革开放以来，泾县的宣纸事业有了很大的发展。单以建厂为例，由原来的两三家到现在的十多家，如李园宣纸厂、官坑宣纸厂、汪六吉宣纸厂、金竹坑宣纸厂等都是新建的。宣纸产量也有一定的增长，尤其是过去很少抄制的产品，如丈二、丈六等，不断问世。加工宣如洒金仿古宣、冰榔宣、书皮宣等，销路看好。此外，还兴建了安徽宣纸博物馆、泾县“红星大酒店”，一专多能，齐头并进。席间，宾主频频举杯，共致祝愿。

以后的几天，公司派人带我们去小岭，参观了“明代宣纸槽”遗址，那里苍松翠竹，溪水长流。在一间瓦房里，存有几台空的纸槽，主人早已逝去。房前立有一青石碑，经多年风雨，字迹显得模糊。我们还去了晒草场，远远望去，犹如一幅放在山坡上的“唐卡”，只是上面没有佛像。走近一瞧，原来是摊晒着的稻草浆，经过几十天的日晒、雨淋、雷声、夜雾（水）的“洗刷”，把原色草浆自然漂白而成。

此外，我们还去了泾县宣纸二厂、建华造纸厂等。通过这次“陪韩访问”活动，使我对宣纸的草浆生产，有了更深刻的印象。

宣纸由来

在对宣纸从事多年研究以后，我对一些问题进行了思考。诸如名称、原料、品种、应用等。基本的一个问题是宣纸名称的由来，换句话说，就是我国从什么时候起出现宣纸的。在过去，有许多文章因为众多的原因，常争论不休。我实在不想插足这一“讨论泥潭”里，故一是不参加争鸣；二是不评价谁对谁错，三是自说自话、发表一家之言。我突然想到报上登载的一则小故事：古时候，某甲和某乙争场不休。某甲说：四七二十八，某乙说：四七二十七。两人谁也说服不了对方，却不甘罢休，遂闹至县衙门请县官公断。县官问某甲：你还坚持四七二十八吗？某甲曰：然。县官又问某乙：你还坚持四七二十七吗？某乙亦曰：然。县官下令放某乙回家，而将某甲打了一顿板子。某甲大呼其冤，县官说：他说四七二十七已经是个浑人，你还要和他争论不休，岂不更浑？我不打你打谁？某甲顿悟，服打而去。“夏虫不可以语冰”，此之谓也。

我仍坚持自己在1985年在《宣纸的源流与特色》一文中提出的：“宣纸的诞生在技术上是有其传统的继承性的，不可能某一时刻从天上掉下来，一下子尽善尽美。它是造纸技术发展史上的一环，一个新起点（即采用新原料、改进旧技艺）。既非出自一人之手，也非成于一朝之功。

而是经过几辈能工巧匠们的辛勤劳动和刻苦钻研才取得的成果。同时，大凡名牌产品都有一个被试用、流传、取得信誉的过程，这不是短时间内就能够轻而易举完成的，也需要历史的考验而得出结论”。因此，在唐朝乾符（公元874—879）年间，张彦远（约815—875）撰《历代名画记》（公元847年成书）一书里写道：“江东地润无尘，人多精艺，好事家宜置宣纸百幅，用法蜡之，以备摹写。古时好拓画，十得其七八，不失神采笔踪。”从这一段文字记载，获知它是古籍中首次提到的宣纸一词，也是最早、最明确的佐证。

至于安徽泾县的宣纸生产，时间则要推迟到宋代末年了。据《曹氏宗谱》中记载：“曹大三于宋末争壤之际，烽燧四警，避乱忙忙。由南陵之虬川，迁至泾县小岭山区，其徙居十三宅。当时因见此系山辄，无可耕上，因贻蔡伦术于后，以为生计。”

由于宣纸作为名牌纸品，声誉日益提高。其他各地的白色手工纸，或为提升价位，或为宣扬品牌，纷纷均称“某某宣”（如四川的夹江宣、云南的腾冲宣），这或许是历史原因造成的。1982年2月原轻工业部二轻局发文，提出维护宣纸的声誉问题。大意是：近些年来，因为国内外对安徽泾县宣纸的需求量不断增大，供需矛盾比较突出。所以有些地区试制和生产了具有各地特色的书画用纸，这对于缓和宣纸的供应紧缺状况起到了较好的作用。但是，一些地区生产的手工书画用纸，使用了某某宣纸、以及某某宣纸厂等名称。致使宣纸与其他书画纸混淆不清，这种做法是不妥当的。

宣纸原产于古代安徽的宣州（今泾县一带）而得名，

至今已有一千多年的历史。宣纸被誉为文房四宝之一。安徽泾县宣纸厂继承和发扬了宣纸的传统独特手工工艺，使宣纸的质量不断提高，荣获了国家产品金质奖章。鉴于泾县宣纸在工艺、原料、质量以及在书画效果上与其他书画纸均有不同。为了维护宣纸的地位，今后除了安徽泾县宣纸厂的产品继续使用宣纸这一名称外，建议其他各地生产的不要再叫宣纸，而使用书画纸的名称。凡叫某某宣纸厂的，亦应考虑改名为某某书画纸厂。可是，时至今日，夹江宣仍照呼不误，腾冲宣依然故名。可知单以行政方式去改变一件事——哪怕是一个小小的宣纸名称，也不是马上能够见效的。

青檀树颂

图 15-3 “青檀树之王”的风姿

青檀，这是一个比较生疏的树种名。可是，只要把宣纸与它联系起来，就会很容易地记住它。从植物分类学上说，青檀属榆树科，系落叶乔木。它适宜生长在石灰岩山地，是钙质土壤的指示植物。分布于我国华北、华南地区，以及贵州、四川、西藏等地。但以安徽泾县一带的青檀树（韧皮纤维）的质量最佳。青檀树是个什么样子呢？有一个作家是这样来描写青檀的：潇洒、透逸，是你的形态。你的叶子像白杨，但比白扬洒脱、多姿；你的树枝像柳树，但比柳树更挺拔、坚韧。你的躯干并不粗壮，却能一层一层地长出几十根枝丫，从四周、向高处软软地向下舒展，宛如姑娘们的披肩长发。每当微风吹过，你的枝叶纷纷扬起，好似舞蹈家抖动手臂翩翩起舞，姿态婀娜婆娑，妩媚动人（图 15-3）。

当秋末初冬降临之际，青檀的树叶也会连连掉落下来，这时便裸露出几十根枝条，在西北风里不停地摇曳，声声作响，仿佛在向人们呼唤：“我已经成熟了，快快来砍吧”。待到来年的春天，它又会悄悄地冒出新枝芽，继续生长。

世上的树木何止万千，为什么单单选中青檀呢？在古老的年代，全凭纸农们从实践中一点一滴地摸索。“好的保留，孬的扔掉”，利用大自然淘汰法则来落实。当然，这也以大量的时间和人力作为代价。而且是知其然，不知其所以然。现在却不同，借助科学的分析方法，可以懂得许多“所以然”了。请看以下事实：

我们知道了：青檀纤维是从树枝皮中分离出来的韧皮纤维。它最长可达 3.6mm，最短也有 1.6mm，多数是 2.3mm 左右。这种纤维圆浑、强度好，尤其是它们的“均整度”（即许多根纤维的长短之比例），比别的韧皮纤维高得多。换句简单的话说，青檀纤维中的“个头”，大致上差不多，比较整齐。交织成纸后，不易产生应力集中，使得宣纸具有非凡的拉力。

我们知道了，青檀纤维的化学成分是，约含有纤维素 58%，木素 7%，多戊糖 20%，果胶 10%，冷水抽出物 11%，热水抽出物 15%，苯醇抽出物 6%，等等。可知在生产檀皮纸浆时，只需采取温和的加工工艺，则可得到质量优良的纸浆。

此外，在扫描电子显微镜下，自然风干状态下的青檀纤维细胞壁上有许多与纤维长轴相平行的“皱纹”。这些皱纹深浅不一，成纸后皱纹内附有微小的碳酸钙晶体。当书画家把饱含墨汁的笔触落于宣纸之际，立即呈现对吸墨量多少的差别，造成浓淡不同的墨色变化，从而收到层次丰满的艺术效果。

造宣纸所用的青檀韧皮，其实是来自枝条的皮，并非树茎的外皮。剥取树枝皮要在其由青绿色转变为黄褐色后方可进行。而且是以两年生和三年生的韧皮纤维的品质最佳。为什么呢？一年生的树枝皮，韧皮纤维虽然较长，但是其皮较薄，纤维强度较小，致使单位面积上的纤维相对含量减少，故交织状态弱，从而影响成纸的品质。同时，制浆时易于流失，增加了生产成本。生长四年以上的枝条，因其韧皮的周边层加厚，纤维的长度反而变短，单位面积上的纤维相对含量，同样也减少了。这就是说过嫩或过老的青檀树枝皮都不能抄造优质的宣纸。

露皇种种

宣纸本是一个统称，如果细分的话，可以列出几十种以上。按原料配比来分，有特净皮、净皮、棉料等；按纸的厚薄来分，有单宣、夹宣、两层贡、三层贡等；按应用性质来分，有生宣、熟宣；按纸的尺寸来分，有四尺、五尺、六尺、八尺、丈二、丈六等。宣纸的品名有其特殊性，如“特净四尺单”，这是指以特净皮配比抄制的大小为四尺的单宣纸。在平时使用中，单宣的用量最大，而丈六最难生产。丈六是丈六匹宣纸的简称，又名露皇宣（简称露皇）。它是宣纸中的佼佼者，曾经多年绝产、失传。后来又开发复生，值得欣慰。

露皇宣的长度为一丈六市尺（约5037mm），宽度为五尺八寸（约1933mm）。为什么会叫它露皇宣呢？据考证：露皇宣起始于清朝初年，至于到底是谁发明的，暂无从得知。它最早并非用于书画，而是为皇宫特制的一种糊窗纸。两百多年前，玻璃的使用很少。而在我国北方深秋严冬，天气奇冷，经常刮风，世人多用纸糊窗，挡风御寒。皇宫内室的窗户大、门槛高，如果纸的尺寸小，窗子上的接缝就多，颇不雅观，故需要专门造一种面积大的纸，这个任务交由安徽府承办。皇旨下达，谁敢怠慢？

相传，慈禧太后曾以为用这种纸糊窗壁，既色泽单调，又不大吉利。便命人在窗纸上画些山水风景等作为装饰。画师们在作画时发现，这种纸洁白柔韧、润墨清晰、浑厚得体，是书写作画的上品。于是，先从宫内流传，逐而扩散民间。经过一些书画家们的相继试笔，一致赞口不绝。随着岁月流逝，露皇宣转而成为书画家们的珍品。

图 15-4　多人抄纸图

依上述露皇宣的尺寸，如此巨大的纸之面积，靠手工制作其难度之高可想而知。试比较一下，一般抄造四尺宣纸，有掌帘、抬帘两个人就可以了。而抄造露皇宣时要使用特大的竹帘，单抬帘子需要 14 至 18 人，最大的多达 44 人（图 15-4）。由领头师傅指挥，上帘、投帘、下帘，动作一致，才能把纸捞出来，稍有不慎，前功尽弃。而且挂火墙烘干，更不容易，这些都是有目共睹的。这种捞大尺寸的宣纸，如今我想局外人只可能在宣纸博物馆内看看模型"解馋"，要想进入现场参观则是难上难了。

我如是说

对于宣纸虽有一些遗忘的角落，但是绝大多数问题是了解的。从工艺角度看，传统的宣纸生产技术已经基本完善。我们的使命是完美保存、适当提高。从历史演进看，宣纸的制作到清朝乾隆时已达高峰，手工作业到此而已。从应用范围看，各种探索已试过，不可能再扩大了。因此，我对宣纸有以下四点看法：

第一，必须对宣纸有一个恰如其份的“定界”认识，不夸大、不缩小，实事求是。宣纸是一种适合毛笔书画使用的纸品，它是高档纸，供特殊方面之用，不是供一般人用的普通纸。生产一定的数量就够了，用不着拼命想增加产量。为什么呢？因为宣纸的生产受到许多条件限制，青檀等原料来之不易；水源更应珍惜，而培养特殊技艺的人才非一时之功，这些都有目共睹。而且目前国画在西方美术市场上还没有得到应有的重视，国画大师之作品的价格远比外国二三流画家的还低得多。究其原因之一是劣作赝品泛滥，经营者的急功近利，伪造者的寡廉鲜耻，殊知国画与宣纸紧密相连，应切实把好作画材料这一关，生产高品质的宣纸。只有在国画的国际影响力提高之日，才是宣纸大放异彩之时。

第二，保留、发扬和挖掘传统宣纸技艺之精华，但也要设法解决其生产周期长的老大难问题，可以用机电化去代替部分繁重的体力劳动。但是不能走样。手工抄纸好比炒菜一样，小锅菜比大锅菜要精彩得多。生产高品质的宣纸才是维护它声誉的唯一之本。近几十年来，宣纸的品质时优时次，反反复复，总是让人摸不清规律。试问，清朝乾隆时期的宣纸，为什么经历百年之后，仍完好如初。而现在抄造的宣纸的品质还比不上“老祖宗”？“不是技术没有，而是技术不用”，分配、待遇统统一刀切，可以想像技术、品质也会一刀切。要发挥技术的作用，就必须设法调动人才的积极性才行。

第三，要千方百计吸引人才，尤其是让青年科技工作者走入宣纸殿堂，带入新鲜空气，展示新的风格。对青檀树、沙田稻草可考虑进行更深入研究，提高原料的品质，增加原料的数量，从根本上保护宣纸生产有足够的物质基础。切切不要以为地球上的东西可以“取之不尽，用之不竭”，这仅是人类单相思的空想愿望。我们要爱惜资源，做任何事都有一个“度”的限定，超过了会适得其反。

第四，扩大与宣纸用户的交流与合作，宣纸应用的范围有限，它与国画、书法、木版水印和装裱等，还没有做到充分、合理。有句老话说：“功要善其事，必先利其器”，要把宣纸做好，才能永葆青春。没有利其器的手段，就很难达到善其事的目的。

我之所以竭力地研究宣纸，就是希望了解宣纸，宣传宣纸，并且通过大家的共同努力，让我国的国宝——宣纸之花，使之开放得更加鲜艳多姿、永不凋谢！

附录一

谁把“造纸之法”搞错了

——纸史探究之一

一、引言：疑问

近几十年来，在我国出版的纸史书籍里，介绍我国古代造纸术的名家名作之时，列有“清代黄兴三撰的《造纸说》”一书。据称，此书系“钱塘黄兴三过常山，山中人为道其事（指造纸），因详摭其始末为之说”[1]。并指出：“此著曾收入杨钟羲《雪桥诗话续集》卷五及邓之诚《骨董琐记全编》中”。

根据这段文字，笔者沿此线索首先查找杨钟羲撰写的《雪桥诗话续集》（1917 年成书，以下简称杨书）和邓之诚（1887—1960）编著的《骨董琐记全编》（1926 年成书，以下简称邓书）。反复阅读之后，发现杨书[2]中的原文，起

---

[1] 潘吉星 . 中国造纸技术史稿［M］. 北京：文物出版社，1979：219.

[2] 杨钟羲 . 雪桥诗话续集［M］. 台北：文海出版社，1975：39-40.

头叫“造纸之法”，通篇千余字，涉及黄兴三的也只有十多个字。邓书[1]则加了一个“造纸说”的小标题，也没有讲作者是谁，只说引文见《雪桥诗话》（全称应是《雪桥诗话续集》）云云。

于是，我便产生了疑问：《造纸说》是一本书吗？它的作者是黄兴三吗？按照杨书的意思，他只是记录了浙江某一地区（常山）的“造纸之法”（占有的篇幅很少）；邓书又将《造纸之法》简化为“造纸说”；又有某个人将《造纸说》的作者改成了黄兴三，到底是谁享有《造纸之法》的署名权（著作权）呢？

前一个时期，我一头扎进了多家图书馆，去寻找和核实中国历史古籍中有关纸类的一些资料。这一查不打紧，发现20世纪50年代以后出版的许多纸史书籍中，所引用的古籍资料与原文不符的现象甚多，使我大感困惑，同时又感到自责，十分惭愧[2]，因为我也引用过别人抄来的伪资料。仅以“黄兴三、造纸说”两个词目为索引，初步统计（按出版时间先后为序）在已出版的纸史书中，约有12种收入，它们是：

①中国造纸技术史稿（潘吉星，文物出版社1979年）第219页；

②纸的发明、发展和外传（刘仁庆，中国青年出版社1986年）第111页；

③中国科学技术史 第五卷第一分册纸和印刷（钱存训，科学出版社，1990年）第64页；

④中国造纸技术简史（戴家璋等，中国轻工业出版社，

---

[1] 邓之诚．骨董琐记全编［M］．北京：生活·读书·新知三联书店，1955：（卷六）207。

[2] 刘仁庆．我做检讨［J］．天津造纸，2014（3）：47。

1994）第 222 页；

⑤ 中华造纸 2000 年（杨润平，人民教育出版社，1997）第 167 页；

⑥ 中国科学技术史 造纸与印刷卷（潘吉星，科学出版社，1998 年）第 262 页；

⑦ 中国造纸史话（潘吉星，商务印书馆，1998 年）第 161 页；

⑧ 造纸史话（张大伟 曹江红，中国大百科全书出版社，2000 年）第 145 页；

⑨ 中国传统手工纸事典（王诗文，树火纪念纸文化基金会，2001 年）第 16 页；

⑩ 中国古代造纸工程技术史（王菊华等，山西教育出版社，2005 年）第 321 页；

⑪ 造纸与印刷（张秉伦 方晓阳 樊嘉禄，大象出版社，2005 年）第 108 页；

⑫ 中国造纸史（潘吉星，上海人民出版社，2009 年）第 379 页，等等。

由此可知其影响之大、损害之深。因此，必须弄它个水落石出，恢复原貌，以正视听。

值得指出的是，我从钱存训著、由李约瑟主编的《中国科学技术史》第五卷第一分册《纸和印刷》的中译本[1]获得旁证。钱存训的书中说：有一位学者杨钟羲（1850—1900，原文如此，年代存疑）在《雪桥诗话续集》中，提供了一位目击其事者对造竹纸各道工序的描述。杨钟羲说，从砍竹到烘纸，原料要过手七十二次，才能做成纸张。造

[1] 钱存训.《中国科学技术史》第五卷第一分册《纸和印刷》［M］.北京：科学出版社，上海古籍出版社，1990：64-65。

纸行业中有一项（句）谚语：片纸非容易，措手七十二。杨钟羲还说，有位钱塘人黄兴三曾经到过常山（今浙江境内），山里人告诉他，造纸要有十二道主要工序。其后面就是杨钟羲记录黄兴三所述的造纸十二道工序。从这段叙述里，大致上已经把我的疑问基本解决：《造纸之法》一文的执笔者是杨钟羲，提供部分资料者是黄兴三。这就好像是新华社记者（或传记作家）采访后整理出的文章，享有著作权的当然是记者或作家，而不应该是被采访者。这个道理，洞若观火矣。

其实，《造纸之法》只是一篇短文章，大约是夹述有一小段“访谈录”，更不是什么一本书。至于说到黄兴三，很可能只是当时一位“老乡”。笔者和委托的多位亲朋查遍了已出版的历代人名辞典等和清朝的有关资料（包括互联网），竟没有找到有一个叫黄兴三的人，也谈不上有什么生平介绍。但却有某人编造他的生卒年代（见下文）。因此可以这样说：原来“造纸说”系“造纸之法”之误，黄兴三系杨钟羲之误。这件造纸史上出现的一个错误，却叫人盲从了一段很长的时间（包括笔者在内），真是莫名其妙也。现在，应该是已到必须澄清、必须纠正的时候了。

二、更正：作者

杨钟羲（1865—1940）

《造纸说》一文的原题为《造纸之法》，它的作者姓名是杨钟羲，此为何许人也？杨钟羲（1865—1940）是清末民初著名的学者、诗人、藏书家。出身官宦世家，享年 75 岁（参见《中国历代人名大辞典》上海古籍出版社 1999 年版）。满洲正黄旗、辽阳人，满族姓尼堪氏，初名钟广、钟庆。

乾隆年间改为汉军正黄旗。光绪十一年（1885 年）应京兆试，中举人。光绪十五年（1889 年）中进士，授翰林院庶吉士，散馆授编修。光绪二十一年（1895 年）会试同考官、国史馆协修，后入湖北巡抚端方幕，任两湖高等学堂提调，仕学馆教习。光绪二十三年（1897 年）任国史馆协修和会典馆图画处协修。光绪二十四年（1898 年）戊戌变法后冠姓杨，改名钟羲，字子勤，圣遗、芷晴，号留垞、梓励，又号雪桥、雪樵等。光绪二十五年（1899 年），保送知府，分发浙江。光绪二十九年 (1903 年) 任湖北乡试内监试官。光绪三十四年（1908 年），端方调任两江总督，杨先生补授淮安知府，又授江宁知府。

1911 年辛亥革命爆发后，杨从江宁知府任上出走。此后他避居上海租界，以清遗老自居，不问世事，闭户著述。1924 年应宣统帝溥仪（1906—1967）之招赴北京，任南书房行走、古学院研究员。1930 年，在北京设雪桥讲舍，传播国学。 1933 年应邀东游日本，遍访汉籍及日本汉学家。杨家藏书数万卷，皆金匮石室之藏。晚年居于北京，家贫后将藏书出售。其一生虽有污点，但治学严谨，博览群书，著述有《雪桥诗话》正、续、三、余集共 40 卷等，在学术界负有盛名。1940 年 8 月 11 日在北京逝世[1]。

因为杨钟羲主要是一个文人，但也尝试从政，且履多项官职。对于各地的物产、风俗又颇为关心。所以一旦遇到或看到自感兴趣的事情（如造纸），就秉笔疾书，迳直记录。又因并未亲身调查，而是从一位友人口述所得，故在文内附言此君的姓名为黄兴三，乃浙江钱塘（旧县名，今杭州

---

[1] 陈玉堂．中国近现代人物名号大辞典［M］．杭州．浙江古籍出版社，1993：276.

之一部分）人士，以常山地区为调查对象。从这一点出发，我们便明白了杨钟羲才是《造纸之法》的真正作者。

黄兴三是什么人？经查阅《中国人名大辞典》（上海商务印书馆，1921年版）、《中国历代人物年谱考录》（中华书局，1992年版）、《中国近现代人物名号大辞典》（浙江古籍出版社，1993年版）、《中国历代人名大辞典》（上海古籍出版社，1999年）、《浙江民国人物大辞典》（浙江大学出版社，2013年版）等书，还有百度、网易、新浪、搜狐等网站，均没有找到此人的任何资料。然而，让人奇怪的是在《中国造纸史》（上海人民出版社，2009年版）第379页，竟写有“清代人黄兴三（1850—1910）《造纸说》（约1885）” 这样的文字。不知其根据何在？再者，1885年即光绪十一年，《造纸说》在何地出版？诸如此类的疑问，某人应该站出来直接回答，以示对历史负责、对社会负责、对读者负责。

三、原文：补充

鉴于《造纸之法》原本是在这本书中的一小段，在过去出版的某些纸史书上，引用时只部分摘录，或掐头去尾，或任意删节，各取所需，难以窥视全貌，而读者找寻“杨书”又多有困难。因此，现将原文完整地抄录如下：（楷体为原文，宋体为笔者加注）。

造纸之法，取稚竹未柎（nie，音聂。分枝芽）者，摇折其梢。逾月斲（砍）之，渍以石灰，皮骨尽脱，而筋独存，蓬蓬若麻（即竹丝），此纸材也。乃断之为二，束之为包（小捆），而又渍之，渍已纳之釜中，蒸令极热（蒸透），然后浣（洗）之，浣毕暴（曝）之（日光晒白）。凡曝必平地，数顷如砥，砌以卵石，洒以绿矾（硫酸铜，作为除草剂），恐其莱也（生杂草），故暴纸之地不可田（不种庄稼）。暴已复渍，渍已复蒸，如是者三（三次蒸料、曝晒），则黄者转而白矣。其渍也必以桐子（灰），若黄荆木灰，非是则不白。故二者之价高于菽粟（粮食）。伺其极白，乃赴水碓舂之，计日可三石，则丝者转而粉矣。犹惧其杂也（含有杂质），盛以细布囊，坠之大谿（溪），悬板于囊中，而时上下之（搅拌），则灰汁尽去，粲（can，音灿，鲜明之意）然如雪。此纸材之成也。其制，凿石为槽，视纸幅之大小而稍宽焉，织竹为帘，帘又视槽之大小，尺寸皆有度。制（帘）极精，惟山中唐氏为之，不授二姓。槽帘既备，乃取纸材（纸浆）授之。渍（清）水其间，和（加）之以胶（纸药汁液）及木槿汁，取其黏也。然后两人举帘（双人抄纸）对漉，一左一右，而纸以成，即举而覆之，傍石上积百番，并榨之以去其水。然后举（揭纸）而炙之墙，炙墙之制，垒石垩土令极光润，虚其中而内火焉。举纸者以次栉比于墙之背，后者毕则前者干，乃去之而又炙。凡漉与炙（纸），高下疾徐，得之于心，而应之于手。终日（成纸）不破不裂不偏枯（即无残次品），谓之国工，非是莫能成一纸。水必取于七都之球溪，非是则暗而易败，故迁其地弗良也。至于选材之良楛，辨色之纯驳，鸠工集事惟老于斯者悉之，不能以言尽也。自折梢至炙毕，凡七十二手而始成一纸。纸槽谚云：片纸非容易，措手七十二。米元章《十纸说》饶州作入墨在连上。钱塘黄兴三过常山，山中人为道其事，因详摭其始末，为之说。又撮其要十二则，曰折梢、曰练丝、曰蒸云、曰浣水、曰渍灰、曰暴（曝）日、曰碓雪、曰囊涑、曰样槽、曰织帘、曰翦水、曰炙槽。赞而系之以诗，朱笠亭有纸槽五十韻。谓羊桃出瑞，造纸者取枝叶擣汁以分张。康熙（年）间，朱锡鬯偕查夏重入闽，有观造竹纸联句五十韻，略云：信州入建州，篁竹冗于篆。居人取作纸，用稺不用老。遑惜箫笛材，缘坡一例倒。束缚沈清渊，杀青特存缟。五行递相贼，伐性力揉矫。出诸鼎镬中，复受杵臼擣。不辞身糜烂，素质终自保。汲井加汰淘，盈箱费旋搅。层层细帘揭，皴皴活火膏。舍粗乃得精，去湿忽就燥。擘来风舒舒，暴之日杲杲。东坡谓：昔人以海苔为纸，今无复有。今人以竹为纸，亦古所无也。

从专业角度上看，所记述的竹纸生产技术，跟其他手工造纸都差不多。不过，其特点有二，其一是介绍了该地区的日光漂白。其二是小结了造竹纸有72道操作，十二道工序。

在此文之后，还刊有清代文学家朱彝尊（1629—1710）字锡鬯（chang，音唱），秀水（今浙江嘉兴市）人，和另一个清代诗人查慎行（1650—1728）字夏重，海宁（今浙江海宁市）人。两人的五十韵联句（每人25句，前22句与原文有部分重叠），内容涉及竹纸的制法、使用和意义。限于篇幅，暂不解说，仅供留存。

信州入建州，篁竹冗于篆。（彝尊）
居人取作纸，用稺不用老。（慎行）
遑惜箫笛材，缘坡一例倒。（彝尊）
束缚沉清渊，杀青特存缟。（慎行）
五行递相贼，伐性力揉矫。（彝尊）
出诸鼎镬中，复受杵臼擣。（慎行）
不辞身糜烂，素质终自保。（彝尊）
汲井加汰淘，盈箱费旋搅。（慎行）

层层细帘揭，皴皴活火膏。（彝尊）
舍粗乃得精，去湿忽就燥。（慎行）
擘来风舒舒，暴之日杲杲。（彝尊）
箬笼走南北，适用各言好。（慎行）
缅维邃古初，书契始苍皡。（彝尊）
自从史记烦，方策布丰镐。（慎行）
中经祖龙燔，孰敢扑原燎。（彝尊）
漆简及韦编，残灰跡同埽。（慎行）
当时祸得脱，赖尔生不早。（彝尊）
汉代崇师儒，家各一经抱。（慎行）
截缉蒲柳姿，刀削讵云巧。（彝尊）
如何剙物智，乃出寺人造。（慎行）
麻头鱼网布，弃物收岂少。（彝尊）
后来逾争奇，新制越意表。（慎行）
山苗割藤芨，水滋采苔藻。（彝尊）
桑根斧以斯，蚕茧机不绞。（慎行）
澄心光致致，镜面波皛皛（xiao，音小，皎洁之意）。（彝尊）
研宜金粉膏，绘作龙鸾爪。（慎行）
桃花注轻红，松花染深缥。（彝尊）
鸦青密香色，一一随浣澡。（慎行）
十样益部笺，万番传癖稾。（彝尊）
纷然输馆阁，逖矣来海島。（慎行）
要为日用需，若黍稷粱稻。（彝尊）
惜哉俗暴殄，涂抹太草草。（慎行）
俗诗蛙蝈鸣，俗书蛇蚓绕。（彝尊）
俗学调必俳，俗文说多剿。（慎行）
流传人有集，刷印方未了。（彝尊）
积秽堆土苴，余殃毒梨枣。（慎行）

或汙瓜牛涎，或供蠹鱼饱。（彝尊）

或为肉马踏，或被饥鼠咬。（慎行）

黏窗信儿童，覆瓿付翁媪。（彝尊）

遭逢幸不幸，所系岂纤杪。（慎行）

平生嗜奇古，卷帙事研讨。（彝尊）

秘笈藉尔钞，籯（ying，音营）金匪我宝。（慎行）

响搨溯籀斯，断碑拓洪赵。（彝尊）

提携白刺史，著录庶可考。（慎行）

由拳法失传，将乐槽苦小。（彝尊）

楚产肌理疎，晋产肤泽槁。（慎行）

物情相倍蓰，美恶心洞晓。（彝尊）

非无云霞腻，爱此霜雪皎。（慎行）

小叠熨帖平，捆载赴逵道。（彝尊）

预恐压归装，又滋征榷扰。（慎行）

四、结语：思考

从对纸史研究中引用古籍所发生的这个错误，使笔者联想到的有以下 4 点。

第一，在相当长的时间里，这个领域内有的人还缺乏严谨的科学态度。在引用史料时不认真，随意删节，掐头去尾，各取所需，不负责任。以致有了错误，不敢承认，幻想掩盖，顾全面子，坚决不改。这种学术上的轻率作风，实为世人所不齿。

第二，我认为科学研究必须具有独立之精神，自由之思想，求索之态度，务实之作风，遇事多问几个为什么？本人有自己的思想和认识，决不轻信古人的说法；也不迷信今人的结论。对历史心怀敬畏，对前贤充满感激，对事物要做详加分析，包括时代背景、环境条件、变化发展、人文因素等，做文字侦探，去破解迷津，以还历史的本来面目。在此基础上，我还悉心地寻找证据，不唯书、不唯上，只唯实。即便如此，也难免不会上当受骗。

第三，史料考释是一项永不落伍的基础工作。过去，由于多种原因，对科技史（包括造纸史等）的研究方法存在一些问题，比如就事论事，视野不够宽阔，把有关的科技活动与社会角色分割开来。因此，主观臆断多，客观评论少，稍微不慎，就会出现偏差甚至错误。今后在这方面，必须要比以前做更多、更细、更好的考释工作。当然，史籍的考释或者是考证，表面上看只涉及似乎是一些烦琐的、具体的人名、地名、官名或者年代、日期等。其核心却是反映历史、民族、社会、文化的真实性和规律性。千万不要马虎大意，掉以轻心。

第四，一定要重视并强化专业的书评工作。由于互联网的蓬勃发展，因此纸质书的出版受到一定程度的影响。不过，网络上的资料虽随搜可得，快速省力。但却是碎片化、浅阅读，泥沙俱下，谬误甚多，可信度较差。而纸质书经过定题、初审、编辑、校对、终审等一系列流程，把错处减少到最小的程度。相比之下，我个人还是看重纸质书的。我希望出版社必须要先行一步，加强审稿环节，然后再强化书评工作。现在报刊上发表的若干书评文章，唱赞歌的、奉鲜花的、推荐性的较多，而批评性的内容却少得可怜，这是怕得罪人的一种表现，实在是要不得的。笔者殷切期望，为了推进和深化纸史的研究工作，有关部门或单位应花费一些气力抓一抓，而不要放任自流。

（原载于《纸和造纸》2015 年第 8 期）

《三省边防备览》的作者叫什么

——纸史探究之二

一、一字之差

在1979年北京文物出版社印行的一本纸史书[1]中写道："在清代较系统论纸的书，首推为严如煜的《三省边防备览》……"根据这个说法，笔者查核了《三省边防备览》中"卷九 · 山货"的原文，结果发现原书《三省边防备览》作者的名字被搞错了，煜字有误，应该叫严如熤（yi，音义）。"煜（yu，音玉）"字是照耀、火焰之意。而"熤"字在一般字典上不收录，很难找到。于是便去查阅《康熙字典》（上海锦章书局西法石印，光绪甲辰仲春）在巳午集（中卷）火部十一画、第六页收有熤字，注释称："只用于人名，后魏有张熤"。没有其他说明。我想这可能是汉字中的特

[1] 潘吉星．中国造纸技术史稿［M］．北京：文物出版社，1979：218.

例字，犹如唐朝武则天自造的那个字：曌(zhào，音“照”)，意指日月当空，普照大地。故武则天的闺名便称之为“武曌（照）”了。

这本来只有一字之差，或者说轻点也许是个“笔误”，以后更正一下就行了。然而我查阅了2009年上海出版的《中国造纸史》[1]，在该书第325页下行的注释，意外地发现却列有严如熤写的《三省边防备览》道光二年原刻本，如果不仔细地追究下去，让人会觉得这可能是不同版本的两个人，故意造成一种模糊的印象，这究竟是为了什么呢？

现在的问题是，自1979年北京文物出版社印行的那本《中国造纸技术史稿》的之后，同一作者又经过了30多年即2009年由（世纪出版集团）上海人民出版社出版的《中国造纸史》中，他可能已经知道自己搞错了，但依然坚持错误，坚决不加改正。并且在《中国造纸史》在综合索引（该书第593页）严如“煜”名下仍开列有28，374—377，381，388，554。这么做的结果显然就是贻误广大的青年读者，使他们一误再误。为什么不改正？真叫人大惑不解了。

写到这里，我不禁想起了北京《晨报》曾发表一篇“鲁迅纠错梁启超”的文章[2]。话说在1926年发生的“三一八惨案”中清华大学学生韦杰三（1903—1926）、女师大学生刘和珍（1904—1926）等不幸牺牲。事后不久，清华大学师生编印出版了《韦烈士纪念集》专刊，刊首印有梁启超的题诗，诗后落款是“甲寅暮春　启超”。鲁迅一看，很快地发现梁启超把当年的干支纪年写错了，1926年即民国十五年应该是丙寅，于是便写了一篇题为“丙和甲”的文章，

---

[1] 潘吉星．中国造纸史［M］．上海：上海人民出版社，2009：325.
[2] 肖伊绯．鲁迅纠错梁启超［N］．北京晨报，2014—12—29（C06）.

署名季廉，发表在当年12月出版的《语丝》杂志上。鲁迅为何要揪住这样一个错误（“笔误”？）不放？作为清华国学研究院的国学大师之首的梁启超，居然出现这么低级的错误，真的有些难堪了。如果“国学导师”连干支纪年都搞不清楚，那么国学还有存在与推崇的必要吗？

由此事而联想到，在纸史研究工作中，连一个人的姓名都被叫错，并且在知道以后还仍然不改正，居心何在？是否要下决心让缺乏专业知识的国内外年轻读者，永久地深受其害呢？

二、作者简介

严如熤（1759—1826），清代学者，字炳文、苏亭，号乐园，溆江（今湖南省怀化市）人。素习兵事及经世之学，精研舆图、天文、地理、兵法。清乾隆五十四年（1789年）就读于岳麓书院，为优贡生。乾隆六十年（1795年）佐湖南巡抚姜晟幕，多所协助。嘉庆五年（1800年）被举为孝廉方正，廷试以《平定川楚方略策》名列第一。嘉庆十三年（1808年）升潼关厅同知，当年又升汉中知府，官至贵州、陕西按察使。嘉庆十八年（1813年），他延聘汉中大儒郑炳然等人，编修《汉南续修郡志》（即《汉中府志》），共33卷，收录汉中历代史料甚多，其内容丰富，义例恰当，刻板印行后，被陕西巡抚林则徐赞为清代全国三大名志之首，为汉中保留了大量珍贵的历史记录，流传至今。

道光元年（1821年）严如熤奉命与三省官员查勘边境，历时半载，因将耳目所及与前著《三内风土杂志》及《边境道路考》合辑纂成此书。《三省边防备览》记述了四川，陕西、湖北三省边区形势。道光二年（1822年）在他陕西任职时，刊行《三省边防备览》14卷，道光十年（1830年）

再版。后收入《四库全书》。

此书与一般的地方志体例不同，第一个特点是：打破传统的以行政区为范围，而以一个自然地理区域为记载对象。地域范围主要包括清代陕西的汉中府、兴安府。四川的保宁府、绥定府。湖北的郧阳府、宜昌府。书的内容紧扣专述三省之边防事务，分为舆图、道路、水道、险要、民食、山货、军制、策略、史论、艺文十门，皆紧扣三省边区防务之主题。书中最有价值的部分则是“民食”与“山货”二门。专门记载三省边区的生产部门，如木材厂、制盐厂、烁铁厂、造纸厂等情况。由于涉及的内容十分广泛，致使有了第二个特点：即本书中也有了多名的撰稿人。例如，“卷九，山货”中除严如熤外，还有梦禅、古山、述轩（均为笔名）等[1]。又如卷十三艺文（上）收录的诗文作者既有东汉蔡邕、唐代柳宗元、北宋陆游等，还有明清代的文人学士如黄晖烈、方维甸、严如熤等。由此可知，《三省边防备览》一书实际上是一本资料汇编或合集，是由多位作者共同完成的。而这本书的主编为严如熤，难怪我看到清代道光年间“来鹿堂”印的线装本，黄色扉页印上的几个大字是溆江严如熤辑[2]。铁证如山，绝不是严如煜！

三、原文解说

鉴于一些纸史书籍中在引用严如熤一文时，掐头去尾，不收全文，致使读者不能获得全面地了解。现将《三省边防备览》卷九 · 山货的原文（楷体为原文，宋体为笔者加注）

❶ 王德毅．清人别名字号索可［M］．台北：新文丰出版公司，1985；626.

❷ 严如熤辑．三省边防备览［M］．清·来鹿堂藏板印行，道光十年（1830）：扉页。

抄录如下：

纸厂定远、西乡（陕西境内古县名，今属汉中幅的镇巴县和西乡县）巴山，林甚多。厂择有树林、青石，近水处方可开设。有树则有柴，有石（指石灰石，经火窑内灼烧后而炼成石灰，供制浆之用）方可烧灰。有水方能浸料。如树少水远，即难做纸。只可就竹箐（qing，音庆，指山间生长有一大片竹林）开笋厂。笋厂于小满后十日，采笋焙干，发客。纸厂则于夏至前后十日内，砍取竹初斛箨（tuo，音拓，竹笋上一片片的壳皮。斛箨，即脱壳），尚未分枝者。过此二十日，即老嫩不匀不堪用。其竹名水竹，粗者如盃（杯字的异体字），细者如指。于此二十日内，将山场所有新竹一併砍，取名剁料。于近厂处开一池，引水灌入。池深二三尺（清代1尺合今35cm），不拘大小，将竹尽数推放池内，十日后方可用。其料须供一年之用。倘池小竹多，不能堆放，则于林深阴湿处堆放。有水则不坏，无水则间有坏者。从水内取出，剁作一尺四五寸长，用木棍砸至扁碎，篾条捆缚成把。每捆围圆二尺六七寸至三尺不等。另开灰池，用石灰搅成灰浆。将笋捆置灰浆内蘸透，随蘸随剁，逐层堆砌如墙。候十余日，灰水吃透。去篾条，上大木甑（制浆时的蒸煮设备：铁锅上倒置放大木桶，故又称木釜，楻桶）。其甑用木拈成，竹篾箍紧。底径九尺，口径七尺，高丈许。每甑可装竹料六七百捆，蒸四五日，昼夜不断火。甑旁开一水塘引活水，可灌可放。竹料蒸过后入水塘，放水冲浸两三日。俟灰气泡净，竹料如麻皮，复入甑内，用碱水煮三日夜，以铁钩捞起。仍入水塘淘一两日，碱水淘净。每甑用黄豆五升、白米五升，磨成水浆（用豆米水合磨出来的液体）。将竹料加米浆拌匀，又入甑内再蒸七八日，即成纸料。取出纸料，先下踏槽。其槽就地开成，数人赤脚细踏后，捞起下纸槽。槽亦开于地下，以二人持大竹棍搅极匀，然后用竹帘揭纸。帘之大小，就所做纸之大小为定。竹帘一扇（此处扇为量词，即一张或一床竹帘）揭纸一层，逐层夹叠，叠至尺许厚，即紧压。候压至三寸许，则水压净，逐张揭起，上焙墙焙干。其焙墙用竹片编成，大如墙壁，灰泥搪平，两扇对靠，中烧木柴，烤热焙纸。如细白纸（质量较高的白纸），每甑纸料入槽后，再以白米（此处指糯米，北方叫江米）二升磨成汁搅入，揭纸即细紧。如做黄表纸。加姜黄末，即黄色。其纸大者名二则纸（按竹帘抄出的二尺为标准的竹纸），其次名圆边毛边纸（经切边，不带须边）、黄表纸（采用嫩竹抄制的一种薄纸，作祭祀之用）二则、圆边毛边纸论捆，每捆五六合，每合二百张。每甑之料，二则纸可做三十捆，圆边毛边纸可做三十五六捆。黄表纸论箱，每甑可做一百五六十箱。染色之纸（即另外加工的染色纸），须背运出山，于纸房内将整合之纸大小裁齐，上蒸笼干蒸后，以胶矾水拖湿晾干，刷色。此造纸之法也。山内丛竹一年一解箨。老林烧尽，另蓄子机（寻找可能的机会）。山场一段即可作小厂。世业不似木厂砍伐即成荒地。西乡纸厂二十余座。定远纸厂逾百。近日洋县、华阳亦有小纸厂二十余座。厂大者匠作佣工必得百数十人。小者亦得四五十人。山内居民当佃，山内有竹林者，夏至前后男妇摘笋、砍竹作捆，赴厂售卖，处处有之。藉以图生者，常数万计矣。梦禅（某人的笔名，本书的撰稿人之一。生平不详）

卷十四　艺文（下）

纸厂咏　严如熤

洋州古龙亭，利赖蔡侯纸。

二千余年来，遗法传乡里。

新篁（huang，音皇，泛指竹子）四五月，千亩束青紫。

方塘甃（zhou，音宙，使用）砖石，尺竿浸药水。

成泥奋铁鎚，缕绥成丝枲（xi，音洗，纤细之状）。

精液凝瓶瓯，急火沸鼎耳。

几迴费淘漉，作意净渣滓。

入槽揭小帘，玉版层层起。

染缋增彩色，纵横生文理。

虽无茧绵坚，尚供管城使。

驮负秦陇道，船运郧襄市。

华阳大小巴，厂厓（ya，音衙，高耸）簇蜂垒。

匠作食其力，一厂百手指。

物华天之宝，取精不嫌侈。

温饱得所资，差足安流徙。

况乃翦（jian，音剪，同义）蒙茸，山径坦步履。

行歌负贩人，丛绝伏莽子。

熙穰听往来，不扰政斯美。

嗟哉蔬筍味，甘脆殊脯胏（zi，音秭，干肉）。

区区文房用，义不容奸宄（gui，音轨，坏人）。

寄语山中牧，勿以劳胥史。

以上这首五言诗主要讲的是，陕南地区生产的竹纸制作概况，以及运输到甘肃、四川、湖北等地销售。陕西人依靠地理资源条件所产的竹纸，埋头苦干，诚信待人，这是做好生意的根本之所在。

在此附带提一下，我不大赞成将古代文言一句句地硬译成现代汉语，因为要忠于原文，保证文意简洁明了、通俗易懂，又要保持其风格神韵，是很不容易做到的。况且对于古文各人的理解并不完全相同。所以，本人倒主张还不如对原文添加准确的标点符号，以及将其中的专有名词、繁字注音、僻难词句等多做一点注释工作，尤其要重视注释的严谨性、可读性和启发性，以增进、拓展读者对古文的认知与感悟，从而获得阅读后更多的美的享受。

四、引以为戒

在我学习和研究纸史专题的几十年的过程中，起初也走过一些弯路。但是，经过一番努力拼搏之后，也慢慢地有所感悟，有所心得，有所体会，有所收获。可以归纳为以下三点。

其一，古纸研究的范围不大，研究人数不多，但也不是没有“南郭先生”之流，在那里冒充权威。我们必须预防他在“逗你玩”。因此，在阅读古文献时必须小心、细心和专心，防止受骗上当。为了正本清源，宁可花些功夫，寻找正文的出处。在我国古代的造纸业，还不属于社会上的支柱产业，而与文学艺术联系较多，成为文房清玩的一个组成部分。由于受到士大夫阶层人们的思想熏陶，总以为民间的生产技术纯粹系雕虫小技，致使流传下来的古纸文献的数量较少，再一个很麻烦的问题是，这些文献夹杂在其他志书的地产、山货记事之中，摘取出来也不容易。

其二，对待科学研究工作中的学术讨论，必须进一步解决正确的思想认识问题。不论是肯定派，还是否定派，双方都是平等的，要互相尊重，彼此理解。绝对不要拿着鸡毛当“令箭”，火药味浓，烽火连天，企求一时口舌之快感。在笔者看来，这么做似乎既无助于学术研究，又不可能得出了实事求是的结论。希望这样的状况尽快地改变过来。

其三，努力学习和掌握好批评与自我批评的武器。多年以前，我们曾经力图很好地运用这个武器。然而，由于诸多历史的复杂原因，现在这个武器早已“锈色斑斑”，近乎废弃了。因此，“从我做起”，经常检讨自己的缺点和错误是十分必要的。千万牢记个人的作用是不足为道的，个人只是大海中的一滴水，决不是什么“山大王”。有句老话说得好：谦虚使人进步，骄傲使人落后。

（原载于《纸和造纸》2015 年第 9 期）

《蜀笺谱》是“马大哈”闹的

——纸史探究之三

一、前记

在我国有关纸史的书籍中，《蜀笺谱》常被人引用为元代“费著”的著述[1]，现在看来对此要打一个问号。为什么呢？其实，它的原名是《笺纸谱》。此文的体例沿袭宋代苏易简之书目，文之第一段是讲纸的起源。在第二段的首句是：“易以西南为坤位”，这里的易，系指《周易》，又名《易经》（简称《易》）。《易经》中的八卦分别是用乾（代表天）、坤（代表地）、震（代表雷）、巽（xun，音训，代表风）、坎（代表水）、离（代表火）、艮（gen，音亘，代表山）、兑（代表沼泽）。每一卦形代表一定的事物，八卦互相搭配又得六十四卦。坤指八卦中的第二卦位。坤卦中有“利西南待朋”的字句，意思是以喻蜀地物

---

[1] 潘吉星．中国造纸技术史稿［M］．北京：文物出版社，1979：219.

产丰厚，生意好做，可以盈利，造纸亦然。

竟然如此，那么我们就仔细地研究一下，《笺纸谱》的主要内容是什么？此文的作者为什么不是费著而是别人？是谁在什么时候把《笺纸谱》改名为《蜀笺谱》的？为什么《蜀笺谱》一直错下来？久久不能更正？

《笺纸谱》的主要内容是专门讨论蜀笺的沿革、纸种及其用途。文中开头略述纸史，其后便讲易经定位了。接着是正题，首先（引述原文）称："府城（即成都府，指今四川省成都市）之南五里有百潭（成都市内的一个小地区，有流水、桥亭，人来人往），支流为一，皆有桥焉。其一玉溪，其一薛涛，以纸为业者，家其旁锦江，水濯锦益鲜明，故谓之锦江。以浣花潭水造纸故佳，其亦水之宜矣。广都（今四川省双流县北）纸有四色，一曰假山南，二曰假荣，三曰冉村，四曰竹丝，皆以楮皮为之。其视浣花笺，纸最清洁。凡公私簿书、契约、图籍、文牒，皆取给于是。"因为楮皮纸的纤维细长，便于二次加工。所以，有"败楮遗墨人争宝，广都市上有余荣"的赞美之说。

其次是四川麻纸"有玉版，有贡余，有经屑，有表光。玉版、贡余杂以旧布、破履、乱麻为之。惟经屑、表光，非乱麻不用。"再次，谈及纸幅尺寸，"凡纸皆有连二、连三、连四笺。又有青白笺，背青面白。有学士笺，长不满尺。小学士笺又半之。"

最后是特色品种，介绍"纸以人得名者，有谢公笺、薛涛笺。所谓谢公者，即谢司封，景初，师厚。师厚创笺样以便书尺（写信），俗因以为名。"还说，"谢公有十色笺：深红、粉红、杏红、明黄、深青、浅青、深绿、浅绿、铜绿、浅云，即十色也。杨亿《谈苑》中载韩溥寄诗云：十样蛮笺出益州，寄来新自浣花头。谢公笺出于此乎？"

可见“费著”对这个说法拿不定主意，打了一个问号。接着写道：“薛涛所制（笺），特深红一色尔。”

以上如此详引该篇要旨，其目的在于说明按此文的行文逻辑有两点值得注意：其一，通篇都是讨论蜀纸（四川）的内容；其二，内容多牵涉唐宋年代，与元史的记载不符。那么由此推知，作者必定是熟悉蜀地物产之人，再就是了解唐宋年代该地的造纸业。现在让我们研究一下，《笺纸谱》的原作者，谁符合以上这两个条件。

二、问题

关于《笺纸谱》（后改名《蜀笺谱》）的执笔人曾经有两个说法。第一种说法，它的作者是：元朝人费著（约1303—1363），华阳（今四川省双流县）人。享年60岁。原文收录于《续百川学海》等书。第二种说法，《笺纸谱》的原作者不是费著，而是一位名叫袁说友的人。

袁说友（1140—1204）字起岩，南宋建安（今福建省建瓯）人。享年64岁。绍兴十年（1140年）出生，流寓湖州。其人在南宋隆兴元年（1163年）进士。淳熙四年（1177年），兼权左司郎官，知临安府，历官太府少卿、户部侍郎、文安阁学士。累官吏部尚书。南宋庆元四年（1198年）任四川安抚使，主编《庆元成都志》一书。此志书中包括有《笺纸谱》《钱币谱》《蜀锦谱》《成都志序》等专篇。嘉泰二年（1202年）以吏部尚书进同知枢密院，嘉泰三年（1203年），拜参知政事（副宰相）。嘉泰四年（1204年），卒于湖州德清。有《东塘集》二十卷。南宋绍定四年（1231年）蒙古军攻入四川，端平三年（1236年）攻破成都府，造成蜀中文化人士逃亡，大批文献散佚或残损（其中有《庆元成都志》）。于是，造成了部分文书之间混乱、交错不清。

光阴荏苒，流水似年，转眼之间到了明代。因编述《全蜀艺文志》之需要，四川人杨慎参与其中工作。杨慎（1488—1559）是明代文学家，字用修，号升庵，新都（今属四川成都市新都区）人。他被公认为明朝“三大才子”之首，少年时聪颖，11 岁能诗，12 岁拟作《古战场文》，人皆惊叹不已。明正德六年（1511 年），殿试第一，授翰林院修撰。豫修“武宗实录”，禀性刚直，每事必直书。武宗微行出居庸关，上疏抗谏。世宗继位，任经筵讲官。嘉靖三年（1524 年），众臣因“大议礼”，违背世宗意愿受廷杖，杨慎谪戍云南永昌卫，居云南 30 余年，死于戍地，是年 72 岁。

杨慎对文、词、赋、散曲、杂剧、弹词，都有涉猎，可称得上是四川的一位大名鼎鼎的“杂家”。他的词和散曲，写得清新绮丽。如［浪淘沙］“春梦似杨花”一首，描写细润，言辞华美流畅。散曲［驻马听］《和王舜卿舟行之咏》，写月下舟行幽景，江天一色，月光如水，并畅想驶入长空银河，意境优美，记叙细微

杨慎考论经史、诗文、书画，以及研究训诂、文学、音韵、名物的杂著，数量很多，涉及面极广。杨慎的著作很多。据《明史》记载，明代记诵之博，著作之富，推慎为第一。除诗文外，杂著多至 100 余种。四川省图书馆所编《杨升庵著述目录》达 298 种。他的主要作品收入《升庵集》（81 卷，又称《升庵全集》）。

《全蜀艺文志》是专门收集明朝以前四川历代诗文作品的全集，共计 64 卷。收录的诗文 1873 篇，按文体编排，以时间先后为序，诗文有姓氏的作者多达 630 人。如此庞大的文字工程，发生某些差错，是不足为怪的。该志于嘉靖二十四年（1545 年）初刻本，万历四十七年（1619 年）

有重刻本。据《文渊阁四库全书》的记载，《全蜀艺文志》的编辑者似乎是有矛盾的[1]：有的刻本写为杨慎；有的写为周复俊（1496—1574，字子籲，江苏昆山人，明代嘉靖十一年进士）。不过，那时候杨慎的名声要比周复俊大得多。

当杨慎在选编《全蜀艺文志》时，由于他久居云南，寻书核对不易，有时只凭记忆写作，因此便有了一些误引、臆测不实之处。一不小心把即将散落的由南宋袁说友编写的《庆元成都志 · 笺纸谱》，划归了由元代费著编撰的《至正成都府志》。于是就发生了作者易名，其后便以讹传讹，许多纸史著作中都“人云亦云”地认为是费著。有趣的是，据《辞海》（1979年缩印本）第1259页介绍杨慎的条目中，居然说他“其论古考证之作，范围颇广，但也时有疏失。”由此推之，杨慎是否“马大哈”了一回哩。

很有可能杨慎为了要把《笺纸谱》与元代鲜于枢（1246—1302）撰写的《纸笺谱》，因三字相同，避免混淆，遂把《笺纸谱》改称为《蜀笺谱》。不过，初名《笺纸谱》（约元至正二十年，即1360年成书）而后改名《蜀笺谱》的具体时间，待查。嗣后，《蜀笺谱》在《续百川学海》《说郛》《墨海金壶》等丛书中均有收录。近代国画家黄宾虹（1865—1955）和收藏家邓实（1877—1951）在辑录《美术丛书》时也收录了此篇。他们在无意之间，把这个“马大哈”式的错误顺延下去。

三、讨论

《笺纸谱》（或《蜀笺谱》）的作者有问题这件事过去了很久，又是怎么被发现的呢？时光匆匆，20世纪80年

---

[1] 旷天全．全蜀艺文志编者考论［J］．绵阳师范学院学报，2010（7）：37.

代，我国钱币史的研究者、四川师范大学教授谢元鲁（1949年生）最先对署名元代费著所作的《楮币谱》《钱币谱》《笺纸谱》等文献的作者与写作年代提出质疑[1]。

纸史研究者、原福建造纸学会秘书长、高级工程师陈启新（1934—2009）又查出袁说友主编的《庆元成都志》是在南宋宁宗年间（1195—1200年）成书的。而费著编撰的《至正成都府志》是在元朝惠宗年间（1341—1370年）完成的。两书有个时间差，前书比后书约早近百年。又根据编史书的"远略近详"的惯例，《庆元成都志》中的专篇（如《笺纸谱》《钱币谱》等）所记史实的下限是南宋，完全没有元代的内容。显然，是明朝人杨慎在编书时，"张冠李戴"搞错了[2]。难道我们就这样一直错下去了吗？

关于署名"费著"的《蜀笺谱》的出处，原文最早出现于元末至正年间编纂的《至正成都志》中，因费著为该志的编纂者之一。但此书在元代以后大部散佚，在明代中期以后应还有部分篇章留存，其中就包括以费著名义署名的《蜀笺谱》（又名《笺纸谱》），为明代嘉靖时杨慎编纂《全蜀艺文志》时收录入内，《全蜀艺文志》出版于嘉靖二十年（1541年），这是迄今看到的《笺纸谱》的最早版本，此后的各种版本，均以此为源。杨慎在《全蜀艺文志》中收录了包括《笺纸谱》在内的共九篇谱、记系列文章，作者均标名为费著，这也是后世以这些文章作者均为费著的起因。明代万历时四川右参政曹学佺编撰《蜀中广记》，陈继儒编撰《宝颜堂秘籍》时，又把《笺纸谱》等文收录在内，

---

[1] 谢元鲁．对楮币谱、钱币谱作者及写作年代的再认识［J］．中国钱币，1996（1）：5.

[2] 陈启新．对笺纸谱不是元代费著所作的探讨［J］．中国造纸，1996（6）：67.

作者亦称为费著。《四库全书》中的《史部 · 地理类》收入了《笺纸谱》《岁华记丽谱》和《蜀锦谱》三种，作者亦冠名为费著，在《四库全书》的影印本中应能检阅到。鲜于枢《纸笺谱》一书，四库未收录。而为古籍中关于纸的记事抄录，《说郛》宛委山堂本续集内有载。

关于《笺纸谱》的作者不是费著，按照谢教授的观点：首先在于费著本人的说法。他在《至正成都府志 · 序》中说："全蜀郡志无虑数十，唯成都有《志》有《文类》，兵余版毁莫存。蜀宪官佐搜访百至，得一二写本，乃参稽订正，仅就编帙。凡郡邑沿革与夫人物风俗，亦概可考焉。"按费著的说法，他在编撰成都志时，前朝方志文献几乎散失殆尽，只能凭借一两部留存的抄本参考订正，而抄本中的内容包括了人物与风俗在内。费著生活时代去宋亡近百年，又无丰富文献可征，如何能写出如《岁华纪丽谱》与《笺纸谱》这类纪实性的文献呢?

其次，是标明费著所作诸文中的用语非元代。如《笺纸谱》中说，"双流纸出于广都，……双流实无有也，而以为名。"双流现为成都南部属县，汉至宋代称为广都，元代废广都县。费著为元末人，谱中将两县并称，并屡次提到广都纸，显与当时情况不符。其《氏族谱》中记载成都人士，屡次提到其今任何官职。如"郭叔宜，今迪功郎。""范仲艺，今中书舍人。""费士寅，终于右史。"等。结合上述诸人的行状，任上述官职均在宋宁宗庆元年间。尤其费士寅为费著先祖，然谱中居然不载其在宁宗嘉泰三年升迁签书枢密院事之事迹。可见《氏族谱》一文为抄录宋代旧文。又其《周公礼殿圣贤图考》一文中说，成都周公礼殿建于东汉末献帝时，"距今庆元戊午，凡一千四年。"庆元戊午即庆元四年（1198 年），即应是此文的原创时间，显非费著所作。其余诸篇文字中，这类证据还有若干，不再一一罗列。

最后，可以认为不仅《笺纸谱》，而且所有标明作者为费著的文章，除《至正成都府志·序》外，均非其人所作，而仅是抄录宋代旧文而已。据考证，南宋宁宗庆元五年（1199年），时任四川制置使的袁说友所编纂的《庆元成都志》中的内容与之相合，其理由，一因时代吻合，二因内容吻合。袁说友为《庆元成都志》所写的序言中说，其书是依据北宋赵抃（bian，音卞。1008—1084，字阅道，衢州人，景祐元年进士）在熙宁七年（1074年）编纂的《成都古今集记》和南宋王刚中（1103—1165，字时亨，乐平人，南宋绍兴进士）的《续成都古今集记》编纂而成。而赵抃《成都古今集记》序言说，其书中对“都城邑郭、神祠佛庙、府寺宫室、学宫楼观、苑囿池沼建创之目，门闾巷市、道里亭馆、方面形势，至于神仙隐逸、技艺术数、先贤遗宅、碑版名氏，事物种种，瑰谲奇诡，纤啬毕书。”王刚中在绍兴三十年（1160年）编撰的《续成都古今集记》序言中也说，此书继承赵抃《成都古今集记》中“风俗之好恶，人物之臧否，方伯监司之至去，蛮夷寇盗之起灭，木石之殊尤，虫鱼之变怪，靡不毕载”的传统，是当时成都地理及社会风俗的详尽记录。南宋陈振孙（1181？—1262，字伯玉，号直斋，浙江安吉人，藏书家）在《直斋书录解题》一书中说：“余近得此记（《续成都古今集记》）手写一通，与东京记，长安、河南志，梦华录诸书并藏，而时自览焉，是亦卧游之意云尔。”陈振孙把《续成都古今集记》与《东京梦华录》诸书并列，称观览其书有卧游之意，也可见此书决不是胪列沿革兴废与名胜古迹，而是如《东京梦华录》一样，对成都城坊沿革、工商变迁及民情风俗有较生动的描述。

这个特点与《岁华纪丽谱》是一致的。因此，《成都古今集记》与《续成都古今集记》二部书，最有可能是《岁华纪丽谱》及《笺纸谱》《蜀锦谱》的直接来源，也是袁说友编纂《庆元成都志》内容的重要参考。惜上述诸书均早已散佚，无法核正。费著之名，不过因《四库全书总目提要》中考证不精，以讹传讹，致使误导至今尔。

四、后语

在我国浩如烟海的众多古籍中，引用少量的文献出现错误，这是难免的。问题是我们的研究者，长期以来习惯于照抄照搬，勿论对否，不加思考，这样一来就容易产生人云亦云、一错再错的情况。不禁不止。研究工作走向歧途，又怎么能够得出科学的、正确的结果呢？因此，我们不能以“老思维”看待史料，不要片面地就事论事，而要综合性地依人论事。这是一方面。

另一方面，百花齐放、百家争鸣的环境，尚待完善。干扰的杂音甚多，发表个人意见、或是互相交流的舞台较小，致使学术讨论很难广泛地开展起来。例如署名元代费著的《蜀笺谱》一文，多方资料证明历史上转引者搞错了。其后，不知何因，不加纠正，仍以讹传讹，以至于“大家”都默认了。在当今乃至今后的纸史著作中对此应有所反映，不要怕麻烦，或者将错就错，或者回避不提，这都是不正确，也是不应该的。我们不能再“熟视无睹”了，要直言快语，该否则否，明确表态。

我认为，由谢教授提出质疑、陈高工深入探讨，加上笔者反复核对，并指出杨慎是搞错的关键性人物。那么，《蜀笺谱》一文的作者是谁应该清楚了，是谁把作者易名也弄明白了。为了慎重起见，遂将本文约请谢教授审阅（遗憾的是，陈高工已于六年之前逝世）。不久，收到了回信，作为补充，现将其摘录如下：

“关于《笺纸谱》作者的大作收悉并阅，你文中对《笺纸谱》作者误植原因的分析内容，我完全赞成，没有更多补充的。但其中关于我的相关研究方面，略有更正和说明。

一、我对费著作为《笺纸谱》作者提出质疑的文章，刊载在《中国钱币》1996 年第 1 期上，并非 20 世纪 60 年代所发表。二、关于对杨慎把费著误标为《笺纸谱》《楮币谱》诸文作者的质疑，以及认为南宋袁说友才是真正作者的分析，最早我是在 1988 年即已提出的，见于巴蜀书社 1988 年出版的我撰写《岁华纪丽谱等九种校释》（见《巴蜀丛书》第一辑）的前言中，其分析的依据，大体上同于《中国钱币》上的说法。但由于此书发行量不大，流传不广，可能所知者也不多。因此我后来又在《中国钱币》刊物上再次撰文论述此事，以图引起学界重视，但收效仍微。三、今仁庆教授能再次把此事写成文章发表，我很高兴。杨慎把费著移花接木窜名前贤文献作者之公案，虽铁证凿凿，但却沿袭谬误数百年。其原因既由于学者之因循和不求甚解，也由于揭示真相文章之稀少。如学界同仁能不懈辨正，终使《笺纸谱》《楮币谱》诸谱作者错谬之事得以纠正，使这一批记载中国古代之手工业与经济社会的重要文献的源流，得以大体恢复原貌，对于前贤之心血与后人之研究，当然是大好事。

（谢元鲁 2015 年 6 月 25 日。）”

这件事若至少从 1996 年算起，前后酝酿、讨论差不多花去了近 20 个年头（其间，笔者本人所撰的文章、书稿中也多次不求甚解、沿用旧说，应予检讨。），至今在学术界仍然没有取得共识。我希望本文能够引起更多人士的关注，以便解决这个历史悬案。再者，对于学术研究必须要有勇气实事求是、坚持真理、纠正错误。不要怕丢面子，而要知错就改，朝向正确的方向前进！

（原载《纸和造纸》2015 年第 10 期）

附录二

蔡伦造纸背后的故事

——纸史揭秘之一

○刘仁庆

蔡伦画像

长期以来，在我国民间流传着造纸是东汉时期（公元 105 年）的宦官蔡伦发明的，他被尊称为造纸业的“祖师爷”，并且把造出来的纸叫做蔡侯纸。不过，在学术界却有不同的看法，今天咱暂且按下他们的争论不表，说一下蔡伦一生究竟做过哪些事，为什么他能干上造纸的？并补充一点新材料，透露一点新认识。

先从蔡伦是何许人说起吧。他的一生经历是怎样的？过去，大力宣传的只是根据范晔（398—445）撰写《后汉书·蔡伦传》中 282 个汉字的那一段小短文，其缺点是太过简略、模糊。因此，有必要根据现在已经掌握的资料，重新介绍一下：蔡伦（约 62—121），出身于贫寒家庭，排行老二（字敬仲）。桂阳（今湖南耒阳）人。永平十八年（公元 75 年）时年 13 岁的他，净身后离家北上，到东京（今河南洛阳）入宫当小太监。起初，当差掖庭，干的都是“行礼”、掀门帘、洒水扫地、运送渣土等杂役，进不了内室。建初二年（公元 77 年）汉章帝刘炟（da，音答）即位不久，窦氏姐妹被选入宫。她们见蔡伦伶俐、老实，印象不错。次年（公元 78 年）窦姐（章德）被立封为皇后，提拔蔡伦进入内室服务，做些端茶递水、跑腿传话等零活。建初五年（公元 80 年）蔡伦在长秋宫升为小黄门（相当一个召集人或组长）。后因窦皇后久不生育，而宋贵人、梁贵人各生有一子。于是，引发了宫内暗地里夺储之争。建初七年（公元 82 年），蔡伦受命窦皇后，诬陷宋贵人、梁贵人致其双双相继殒命。从此，他紧跟窦皇后，获得了上迁之机。不久，蔡伦升任中常侍（高级太监、机要参谋），“豫参帷幄”。接着，永元五年（公元 93 年）又加位尚方令（少府属官，俸禄 600 石），肩担双职，权力大升，清风得意，一帆风顺。

如果说蔡伦在建初七年（公元 82 年）投奔窦皇后，让自己的历史沾下了一大块黑色污点的话，那么在永元十四年（公元 102 年）改换门庭，拜倒在继任皇太后邓绥的石榴裙下，却使他的命运发生了意外的转折，闪出了一圈明亮的光环。因此，如果没有邓太后在位、提拔，蔡伦的前途只可能是暗淡无光，枉过一生。

自从蔡伦当上了尚方令兼中常侍之后，品尝到了手中有权力的滋味，这也为他日后能够做造好纸、立新功提供了一个机会难得的平台。两汉时期，九卿之一的少府，掌管皇家“监作秘剑及诸器械”等物，下设有尚方令主持府内各个手工作坊，并拥有优厚的资源和条件。永元十四年（公元102年）邓绥初登政位，第一道诏书就是：“是时，方国贡献，竟求珍丽之物。自后即位，悉令禁绝，岁时供纸墨而已。”而从公元102—105年蔡伦献纸，仅只有短短三年，在这么少的时间内“造意用树肤、麻头及敝布、鱼网以为纸”，依当时的技术水准而论，没有上级领导、各方人员等的支持与帮助，有可能么？至于蔡公公的最后下场，当年他曾经狠心地整过人，知道什么叫“生不如死”，于是自己便服毒悲惨地自尽了。

总的来说，蔡伦的一生干了两件大事，前半生做了一件大事，即帮助窦皇后害死了两位贵人（史籍记录在案），特别是牵涉了后来当上皇帝（汉安帝刘祜）的祖母，打了一个大纠结。这样就为蔡伦最后毙命埋下了一枚大炸弹。而后半生却做了一件大好事，在邓太后（邓绥）的引导、支持，再加上还有一位才女班昭的帮助之下，从而努力地完善和完成了造纸术。所以，造纸术之成功千万莫忘记了这两位人物的“拥趸”。而所谓的“帝善其能，自是莫不从用焉。”实际上当时（公元105年）汉和帝已经病入膏肓，不理朝政。所谓的“帝”应该指的是朝廷，执政者恰是皇太后邓绥，可以说这是一场自导、自演的皮影戏。

因此，在这里还要为邓绥和班昭两位“后台老板”多说两句。邓绥（81—121）东汉开国重臣、太傅高密侯邓禹之孙女，南阳新野人，东汉王朝著名的女政治家，东汉王朝第四代皇帝汉和帝刘肇的皇后。她15岁入宫，22岁被册封为皇后。东汉延平元年（公元106年），年仅27岁的汉和帝突然驾崩，面对着“主幼国危”的局面，25岁的邓绥临朝称制。在邓绥执政期间，躬自俭约，廉洁养民，推行仁政。一方面对内帮助东汉王朝度过了“水旱十年”的艰难局面，对外则坚决派兵镇压了西羌之乱，使得东汉王朝转危为安，被誉为“兴灭国，继绝世”之主。另一方面，邓绥亦有专权之嫌，其废长立幼，临朝称制竟长达十六年。朝中多有非议。到了东汉永宁二年（公元121年）4月，41岁的邓绥突然病亡，谥号“和熹”。与此同时，安帝刘祜亲政，随即蔡伦也跟着他的主子一齐完蛋了，这是巧合吗？

而班昭（约49—120），一名姬，字惠班，汉族，扶风安陵（今陕西咸阳）人。东汉女史学家，她的父亲班彪是汉代的大文豪，其兄班固受命著述《汉书》，不料就在他快要完成《汉书》时，却因窦宪一案的牵连，死在狱中。班昭的家学渊源，尤擅文采。早年被召入皇宫，教授皇后及诸贵人诵读经史，又被宫内人尊称为“曹大家”（今敬语曹大师）。痛定思痛，班昭接手亡兄的遗志，圆满地完成了我国的第一部纪传体断代史《汉书》。在这个工作的过程中，班昭免不了与纸墨打交道，也会与这位太后的近臣蔡伦相识。到底班昭怎么帮助他，例如，出些点子（主意），收集、研究、改进、总结各地的造纸资料，是极有可能的。这些对于家学甚浅的蔡伦而言，该有多大的帮助和好处呵。但因无文献可查，细节难以详述。

因此，可以这么说，如果没有邓绥太后的提携和班昭大家的襄助，蔡伦从一个造纸的门外汉，只用了短短的三年时间就能发明了造纸术，实在是难以令人信服的。

对于蔡伦的评价，就看你站在哪个角度去说，封建社会中的太监就其心理和生理而言，他们是被扭曲了的“一帮人”。这些人具有的共同特征是：唯主是从，矜持狡黠，以降求成，加封进禄。蔡伦也是一名太监，在人品上也跳不出那个圈子，有必要把他奉为“上尊”吗？现在仍然有不少人很“理解”蔡伦，设身处地替他着想，如果以太监身份不听窦皇后之命去做那些坏事，这可能吗？弄不好，轻者被罚为奴，驱出宫廷；重者会脑壳搬家，呜呼哀哉了。蔡伦归避了杀头的危险，后来又完成发明或改进了造纸术的大业，如此地趋弊获利，蔡伦不仅没有过失，而且还很明智，值得发一个点赞！冲着发明造纸术的历史贡献，区区冤杀两个中年妇女实在只是“小事”一桩哩。

可是，著名作家柏杨（1920—2008）先生有不同的看法：“中国人宁可永不用纸，也不要有这种丧尽天良被阉割过的酷吏。”这样说，似乎有些偏颇，另有他议。但这种偏颇正是许多国人最缺乏的素质。即令蔡伦不发明造纸术，自然会有张伦、李伦、陈伦、赵伦等来发明，中国人绝不可能永远没有纸用，顶多是晚些时间而已。更不该把丧尽天良的行为划为“小事”，即便我们有再好的纸用，也写不出锦绣文章。举例而言，甲午海战中，北洋水师的装备决不逊于日本海军，交火后却一败涂地。为啥？历史早已证明：“思想”条件——包括道德、理念、情操、精神等，比器物（物资条件）更重要。没有先进的人文思想，再大的“硬件”“业绩”终究会被历史淘汰。

对于任何一个历史人物，我们怎么去认识，如何评价？是形而上学还是形而下学？都应当结合具体的历史时代，认真分析，对伟人有功过说；对常人有优缺点。无论何人、何事都具有两面性，秦始皇为统一中国可称千古一帝；但他焚书坑儒，也够格叫他残酷暴君。今天面对的应该是多元化、民主化的现实，在学术上允许有不同意见存在，心平气和，互相包容，共同讨论。在科学研究上只有认识的先后和深浅，没有纯粹的对错与是非。我们要坚定相信，真理是愈辩愈明的。不知读者以为然否？

（原载于台北《纸业新闻》2016 年 6 月 16 日、23、30 日、7 月 7 日第 3 版）

文成公主对造纸的贡献

——纸史揭秘之二

众所周知，文成公主是唐朝的一位女性，她作为汉藏民族团结友好的先驱，将中原文化传播入藏，对于增进汉藏民族的亲密团结，促进中原和吐蕃（今西藏高原境内）地区经济文化的交流和发展，在历史上产生了巨大而深远的影响。可是，文成公主在我国造纸史上的贡献，您到底知道多少呢？

文成公主画像

文成公主（约623—680）本名李雪雁，又叫李雁儿。她出生于“任城”（今山东济宁市），汉族，其父及家庭均无汉文字记载。后被唐太宗李世民收养，加封为文成公主，实为宗室女。她的藏名字称：“甲木萨汉公主”，即汉妃公主之意。文成公主知书识礼，博学多才，体态丰腴（唐朝时妇女以胖为美），性格刚毅，笃信佛教，堪称一表闺秀。后世有人猜测：她很可能为江夏郡王李道宗之女。李道宗（602—653）是唐高祖李渊的堂侄，是唐朝与薛仁贵齐名的将军之一。因打仗建功被封为任城王、江夏郡王等，他的女儿就出生在任城。后来唐太宗又派李道宗护送文成公主入藏，自深藏有内因。但这些描述都是后人的推测，无史记录，仅供参考。

李雁儿为何又被称为文成公主的呢？话说贞观八年（634 年）吐蕃王朝的“赞普”（国王）松赞干布（617—650）听说突厥族及吐谷浑均娶唐朝公主，也派遣使者到大唐京城长安，多带金宝，奉表求婚，遭到唐太宗婉拒。4 年之后，贞观十二年（638 年）八月，吐蕃一方面发兵侵扰唐朝松州（今四川松潘）西境，后被唐军击败。“硬的不行来软的”，于是，另一方面松赞干布又遣使者到长安谢罪，声称要来迎娶公主。进贡金帛，并再次请求通婚。唐太宗这次应允。松赞干布感到欢喜，立即准备了丰厚的聘礼，黄金五千两，珠宝珍玩数百件，命使者禄东赞到长安纳聘。

贞观十四年（640 年）十月，禄东赞到达长安，朝见了唐太宗，向唐太宗述说松赞干布仰慕唐大帝国，殷切请求结亲的愿望和诚意，正好与唐太宗准备推行和亲政策合拍。次年（641 年）正月，唐太宗准允将宗室之女李雪雁赐名文成公主与松赞干布成婚，决定由江夏郡王李道宗前往护送。赠送吐蕃的金玉饰物、锦缎裘装、佛经书卷等数以千计，还有文士、医士、武士等随从数百人。另有骡马、蓬车、手推车等等几十部。这是中国历史上首次汉族文化进入吐蕃，汉藏文化开始了大交流，为繁荣西藏奠定了良好的基础。

和亲大队从长安出发，行至大城鄯城（今西宁市）时，大队作了停留。然后前行 200 余里到险峻的赤岭（今青海日月山），下车换乘马，进入吐谷浑境内。在此一行人受到河源郡王诺易钵的热烈欢迎，住在早已建成的行馆里，经过一个多月的休息，解除旅途疲劳以后，又继续西行。在吐谷浑和吐蕃边界的柏海（今青海省鄂陵湖和扎陵湖），松赞干布早已率军按约到此等候迎接。见到前来护送的李道宗，松赞干布非常恭敬，行子婿之礼。行过迎亲礼之后，李道宗告别文成公主和松赞干布，回朝复命，胜利完成了他的历史史命。文成公主入藏后，为汉藏两族的友好关系作出了重大贡献，这一切与李道宗的辛劳都是密不可分的。

历经了千山万水到达逻些（今拉萨市）后，吐蕃人民欣喜若狂，穿着节日的盛装，载歌载舞，热烈地迎接这位象征汉藏民族深切、亲密情谊的"赞磨"（王后）。为了让文成公主的生活如同在长安一样舒适、愉快，让后人不忘这一历史事件，松赞干布在首府"逻些"按照唐朝的建筑式样和风格，于玛布尔日山（今布达拉山）专为文成公主修建了宏伟的布达拉宫。

文成公主入藏之后，有一段时间不适应高原气候，身体欠佳。她还要学习藏语，与人交往。毕竟文成公主比松赞干布小六七岁。等到身体好些之后，便极积地走访民间，发现吐蕃社会存在许多问题，如不讲卫生、妇女涂面、缺少纸笔、没有文字等。据说，从前在农奴制的残酷枷锁下，普通藏人的生活非常凄凉。他们长期不洗澡（一生只洗两次），没有专门厕所，随地大小便，让野狗当"清扫工"（狗吃屎）。更让文成公主更看不惯的是妇女"赭面"（即用红褐色乱涂面孔，以示驱邪）习俗（后来经松赞干布下令禁止了）。松赞干布还亲自带头穿“唐装”（丝绸衣服），渐慕华风，并派吐蕃贵族子弟去长安大唐国学习汉文。原先吐蕃人只知用刻木记事，不知纸笔为何物。文成公主随即上书朝廷，请求向吐蕃派遣造纸、制墨、碾磨等工匠，并携带纸张、笔墨、蚕种、陶器等有关工具器械前来，以利于在吐蕃（西藏）兴建生产作坊。与此同时，还建议兴办学堂，让领主的子孙多多学习、认字读经，等等。

由于西藏地处高原，自然条件、植物资源与内地中原差别较大。唐代常用的麻、藤、楮等造纸原料，无法栽培。因此，文成公主便指示“援藏人员”，要结合实际，调查了解，与藏胞合作，寻找一些新的造纸原料，后来发现了诸如瑞香、月桂、灯台树、野茶草类植物，还有狼毒草等。分别将它们沤泡和漂洗，然后用木杵打碎纤维，再加入青稞汁或仙人掌汁搅匀，采取浇纸法的方式，在阳光下晒干，揭下纸页。这种藏纸虽然它的纸面粗糙，厚实坚韧，需用磨石研光后方可使用，但却能与藏人的书写工具——尖硬的“木头笔”相适应，多用于抄写藏文佛经。从此，打开了吐蕃（藏族）文化繁荣发展的一扇大门。

文成公主与吐蕃松赞干布和亲，开创了唐蕃交好的新时代。松赞干布非常喜欢贤淑多才的文成公主，专门为公主修筑的布达拉宫。据不久前去西藏旅游者拿回的资料介绍，此宫原有 1000 间宫室，富丽堂皇。但后来毁于雷电、战火。经过十七世纪的两次扩建，形成现今日之规模。布达拉宫主楼 13 层，高 117 米，占地面积 36 万余平方米，气势磅礴。布达拉宫中保存有大量内容丰富的壁画，其中就有唐太宗五难吐蕃婚使“噶尔”禄东赞的故事，文成公主进藏一路遇到的艰难险阻，以及抵达拉萨时受到热烈欢迎的场面等。这些壁画构图精巧细微，人物栩栩如生，色彩鲜艳。布达拉宫的吐蕃遗址后面还有松赞干布当年修身静坐之室，四壁陈列着松赞干布、文成公主、禄东赞等的彩色塑像。这些几乎都没有见到史籍上有记载，而多流于西藏民间的口头传说。

永徽元年（650年），年仅33岁的松赞干布逝世。他与文成公主共同生活只有9年，还有很多关系吐蕃的大事没有做完。文成公主化悲痛为力量，决不懈怠，坚持到底，继续在吐蕃生活30年，为实现松赞干布的遗志而努力。她热爱藏族同胞，深受百姓爱戴。文成公主与松赞干布的故事，以及推进藏族文化的功绩，至今仍以戏剧、壁画、民歌、传说等形式在汉藏民族间广泛传播。文成公主在藏传佛教中，被认为是“绿度母”的化身——度母，梵名Tara，全称圣救度母佛，在藏传佛教中绿度母相当于为佛教观世音菩萨的化身，信仰度非常高。所以，藏胞对文成公主尤为敬重，相信她是“天上女神下凡尘”。

文成公主入藏，加强唐朝和吐蕃的友好关系。使唐蕃之间的友谊有了很大的发展，由于文成公主的博学多能，对吐蕃国的开化影响很大，不但巩固了唐朝的西陲边防，更把汉民族的文化传播到西藏，西藏的经济、文化等各方面也借大唐文化的营养得以长足发展。在造纸业方面，文成公主的最大贡献是：她把汉族的优秀文化之一——造纸、用纸，通过由上而下的方式顺利地送进了藏民地区，并使之开花、结果，促进了汉藏民族的大团结、大融合。同时，对传播造纸术及推广纸的使用，都做出了伟大的功绩，值得永久的怀念。

永隆元年（680年），57岁的文成公主因患病去世，吐蕃王朝为她举行隆重的葬礼，唐遣使臣赴吐蕃吊祭。直到现在拉萨市的一些文博部门仍保存藏人为纪念她而绘造的画像和塑像，距今已有一千三百多年的历史了。唐朝文成公主的美名，不仅在中国大地回响，而且飘洋过海，传遍世界！受到全球人士的尊重！

（原载《造纸科学与技术》2016年第5期）

和珅·纸张·《红楼梦》

——纸史揭秘之三

○刘仁庆

提起清朝的和珅、“和大人”，现在几乎是家喻户晓。因为随着电视连续剧（如《宰相刘罗锅》《铁齿铜牙纪晓岚》《乾隆王朝》《梦断紫禁城》等十多部）的播出，还有到北京旅游的外地人、外国人参观“恭王府”——此宅位于北京市什刹海地区，占地6万多平方米，有房“99间半”之称。它原本是和珅兴建的府邸和花园，后被嘉庆皇帝转赐给恭亲王奕䜣，故改名为恭王府。人们早已知道：和珅是清期乾隆时期的权臣、臭名昭著的一个大贪污犯。据《清史稿》中记载，和珅（1750—1799），钮祜禄氏，原名善保，字致斋，自号嘉乐堂主。满洲正红旗人。生员出身，初入宫在銮仪卫值差当轿夫，因其做事聪慧过人、善于应对，为乾隆所喜，不久擢为户部侍郎。和珅初为官时，精明强干，为官清廉，深得皇帝的宠信，使和珅连连提升高位。他曾

和珅画像

担任或兼任了清王朝中央政府的众多关键要职，例如内阁首席大学士、领班军机大臣、内务府总管、翰林院掌院学士、《四库全书》总纂官、领侍卫内大臣、步军统领等。更有甚者，乾隆将幼女十公主嫁给和珅长子丰绅殷德，使和珅不仅大权在握，而且成为皇亲国戚。随着权力的成长，他的私欲也日益膨胀，利用职务之便，结党营私，聚敛钱财，打击政敌。和珅还亲自经营工商业，开设当铺七十五间，设大小钱庄、银号三百多间，且与英国东印度公司、广东十三行有商业往来。和珅从政、从商 20 年，集大权于一身，搜刮财富于一生。但是，“善有善报，恶有恶报，不是不报，时候未到，时候一到，一趟全报。”到了嘉庆四年（1799 年），乾隆帝驾崩。嘉庆帝立即下旨宣布和珅二十大罪状，革职下狱、赐白绫上吊自尽，并抄其家产。据清查呈报，和珅贪污额价值白银八亿多两，相当于清朝执政收入二十年总和的一半，为中国历史上贪污之最，所抄财产归入内务府（国库）。故当时流传“和珅跌倒，嘉庆吃饱” 之语。以上都是耳熟能详之事，不再饶舌。以下说点正史之外的话。

上文提及和珅当政期间，秉承乾隆意旨，不是当过《四库全书》的总纂官吗？皇帝为何看中他？原来和珅一生读书甚多，《清史稿》中介绍：和珅喜读《三国演义》和《春秋》，精通四书五经，他早年对朱熹的理念十分认同。虽然后来信奉“乾隆主义”，不过闲时亦爱与文人墨客聚集一堂。并且他常常与乾隆帝一起作诗，和珅对乾隆所作诗词的风格都知道得一清二楚。和珅为了迎合乾隆，苦下功夫学诗、写诗，进步飞快，造诣很深。乾隆很多时候就下命和珅即景赋诗，以为自己代笔。在和珅的诗集《嘉乐堂诗集》中就有很多首诗是奉乾隆的命令所写，从中不仅可以领悟优美之诗趣，而且可以看出和珅书法之高级，简直与乾隆的字体一模一样。说到这里，就会引出另外一个问题，和珅喜欢纸吗？

回答是，因为和珅几乎每天都要写字，练书法，学乾隆体，需要的纸笔墨的数量是相当可观的。其中因为各种原因，有奏折、书信、请柬、贺帖、礼单、手卷、中堂等多方面用纸，更不能“一刀切”。和珅的眼光高，挑剔严，办事急，往往把家里的仆从弄得不知所措。和珅认为，不同的用途需要不同的纸，不同纸有不同的用途，不许搞乱。乾隆帝受他的影响，也写了一些评价纸张的诗，如《咏侧理纸》《再咏侧理纸》《书侧理纸得句》等。因此，在乾隆时期仿造的古纸的品种和数量是历朝历代中最多的。说到此处，让人联想到古代文人对纸的态度与现代人是完全不同的。古代人要敬惜字纸，惜纸如金，倍加珍重。而现代人则是视纸为一文不值，随手乱扔，没有价值。

还需要提及的是，和珅在当《四库全书》总纂官的时候，大兴文字狱，曾经禁毁了大批典籍图书，负有摧残文化之罪过。然而，有一件为后人称道的事，那就是我国四大文学名著之一的《红楼梦》，也是因为有和珅插手才会被保留了下来，终究流传于世。

这是怎么一回事呢？从乾隆十几年间开始，曹雪芹所写的长篇小说《石头记》大都是以抄本形式在坊间私下流传，约有十几种，但多数只有 80 回，不是完稿本。乾隆 45 年（1780 年）十月，和珅兼任“四库全书馆”的正总裁之后不久，就奉旨：令各省将违碍字句书籍，着力查缴，解京销毁。乾隆五十六年（1791 年），和珅得知曾任户部尚书、两江总督的苏凌阿家藏一部《石头记》被鼠咬伤，正在京城琉璃厂书坊抽换装钉。他即要求借阅。和珅读罢《石头记》后想，此书乃是一部奇书，惜乎只有 80 回，而目录有 120 回，残缺之本。况且纸质太差，阅读费劲。我何不请人把 80 回书加以删改，再续完后 40 回，然后进呈皇上，不是更得皇上的欢心吗？

于是，和珅就派人出访，寻找有关书目和人士。当时有一位“石头记迷”的苏州人叫程伟元（1746—1818），多次赴考不第，改业行商（出版杂书），闲寓居于京都，他时常到城里庙会和书摊四处收集《石头记》的手抄本。一次偶遇机缘，与乾隆朝进士高鹗（约 1738—1815）相识，此人曾官终刑科给事中，对社会上流传的《石头记》也有兴趣。两人一拍即合，准备整理出书赚点小钱。又通过亲戚介绍，希望从“和大人”那里搞一点资助。

于是，高鹗和程伟元一起去拜会了和珅。和珅翻看了一下他们带去的《石头记》样本，提出了 4 点意见：第一，请他们删改《石头记》，“细加厘剔，截长补短，抄成全部”，完成全目 120 回；第二，《石头记》的书名不佳，似欠风雅，拟改书名为《红楼梦》；第三，原书用杂纸手工抄写，品质不够档次。建议改为全用安徽泾县宣纸、木活字印刷；第四，出版资金由我负责，你们放心好了。高、程二人听了，欣喜不已，辞后立即着手工作。

于是，高鹗就按照和珅的意见，进行了大力修改。和珅阅后欢喜不尽，当即令人用宣纸重抄一本，工整漂亮，雅观大方，将其进呈乾隆。乾隆帝阅后大加赞扬，并说：“此书写的是康熙朝大学士明珠的家事。”（按：明珠原名纳兰明珠，满族，是清康熙年间最重要的五大近臣之一。

历任刑部、兵部、吏部、礼部尚书等要职，后因结党营私犯十不赦之罪名被罢黜职位，最后郁郁而死。）同时默许和珅把它以“武英殿聚珍版”印刷出版。从此，“全本”或称“全璧”的《红楼梦》流行全国，风靡一时，《红楼梦》的书名也正式取代了《石头记》。

在过去出版的有关“红学”书籍，从未具体说明是谁把《石头记》改名为《红楼梦》，又是谁让全本《红楼梦》流行全国，成为中国四大文学名著之一的几个疑点。究其原因就是忌讳和珅是个大贪官。同样，现在汉字出版书报的印刷字体（包括繁体、简体）——宋体，原本是宋朝御史中丞（宰相）秦桧（1090—1155）创造的。他在朝廷处理公文的时候，发现全国各地呈上来的“报告”，字体不一，阅览不便，影响工作效率。于是便有了规范字体的设想，经过潜心研究，他在宋徽宗“瘦金体”的基础上，按横平竖直、横细竖粗的原则，创造了秦体字。宋徽宗见了十分高兴，认为美观工整，一目了然，遂下令推广全国。可是，因为秦桧是个大奸臣，祸国殃民，罪行如山，千夫所指，遗臭万年。所以就不叫秦体而称宋体，后来又经过近代浙江“丁氏兄弟”（丁辅之、丁善之）重新改进便叫它仿宋体。事情就是这么简单，勿需再多说什么了。

（原载于台北《纸业新闻》2016年8月18、25，9月1日、8日第3版）

关于手工纸纸名的辨识

——纸史揭秘之四

○刘仁庆

纸分两大类，一类称手工纸，另一类叫机制纸。这是人所共知的常识，自不必多加解释。可是，仅就这两大类纸的纸名却有一些不同之处，恐怕没有引起众多读者的注意，甚至还存在着大小不同的误会。众所周知，机制纸绝大多数是以用途来命名的，如印报用的叫新闻纸、白报纸；印书用的叫胶版纸（也称道林纸）、铜版纸；生活中用的叫卫生纸、餐巾纸；包装用的叫箱板纸、瓦楞纸，等等。然而，手工纸的命名却多得很，主要是：（1）以人物示名的有：蔡侯纸、左伯纸、薛涛笺、谢公笺等；（2）以地域示名的有：宣纸（安徽宣州）、蜀纸（四川）、池纸（安徽池州）等；（3）以原料示名的有：麻纸、（灌树木）皮纸、藤纸、草纸、竹纸等；（4）以颜色示名的有：青纸、大红（红梅）纸、黄表纸、色笺等；（5）以称谓示名的有：楮先生、好畤侯、太史连纸等；（6）以性能示名的有：硬黄纸、粉蜡笺、水纹纸、斑石纹纸等；（7）以尺寸示名有：匹纸、四尺单、屏八尺等；（8）以加工示名的有：涂蜡纸、玉版宣、虎皮宣等；（9）以使用示名的有：窗户纸、鞭炮纸、宝钞纸、雨伞纸、账册纸、契约纸等；（10）其他，以杂项示名的有：姚黄纸、二则纸、月光纸等。

以上只是粗线条的划分，如果细化下去，则纸的品种会更多。仅以竹纸为例，其中有：毛边纸、毛泰纸、毛六纸、连史（四）纸、海月纸、白关纸、玉扣纸、表芯纸、贡川纸等，这些纸种的原料都是竹子。

以上纸的命名是按照史籍上的记载传承下来的，必须照顾历史习惯，不能随心所欲，任意改变。尽管其中不乏存有雷同、遗漏、错误、诈传等诸多瑕疵，但是，只需认真清理，反复比较，仍可正本清源，还历史本来面目。我们民族古老的文化传统之所以历数千载而不被割断，是由于我们世世代代都在做承前启后的精神劳动。曾经为历史上的文化传播立下了卓著功勋。即使在机制纸盛行的今天，某些传统的手工纸依然体现着它不可替代的作用，焕发着独有的光彩。现在，我撷取其中的几个手工纸的纸名为例，稍加些说明既能提示我们阅读古籍时旳严肃性，又可看出它们中反射出中华民族优秀传统文化的耀眼辉煌。

例一，麝香纸——唐代纸名。以前有人顾名思义，把它解释为向纸浆中加入了麝香（名贵香料）之后抄成的纸张，此乃大错特错也！其实，它是把一般书写纸悬吊置于柜中，点燃“黄香炉”（投入各种香料）待久，即得所谓“麝香纸”。这里要补充一点，因为在我国从西周时代起民间早已有焚香除臭、驱虫的习俗。到了汉代，一般殷实人家都备有薰香炉，这是用金属铜做外壳，以机环扣合，能旋转运动而其内体恒平不变的器物。所以古代用它来熏东西（如衣衫、被子、帐子）不足为奇，尤其在唐代书房里熏纸更是平常得很。此纸会散发幽幽香气，但未必一定是麝香味。麝香纸的用途是拿来书写请柬、信札等，别有情趣。但香味很难持久，最终香味消失。这只是古代文人的“文房游戏”之一，绝不能认为它真的是一个新纸种。

例二，元书纸——宋代纸名。一般纸书上只说它原是由浙江富阳、萧山等县生产的纸品。含糊其词，一笔滑过，很少提及为何它被命名为元书纸。在宋代以前，这种富阳地方所造的纸统称各种“土纸”（原料为麻、树皮等）或赤亭纸（赤亭山即鸡笼山，系地名）。到了宋朝，经改革创新后它是采用 100% 的嫩毛竹为原料，经过砍竹、晒竹、浸竹、沤料、洗料、打料、调料（添加黄色染料）、捞纸、压纸、晒纸、裁纸等 72 道工序制成，品质不错。于是，在北宋第三代皇帝赵恒（998—1022）时期，把该纸当作“御用文书纸”使用，即每年的“元祭”日（指上元、中元、下元三个祭日，分别是正月十五、七月十五、十月十五）官府用它书写祭文，故而改名称为元书纸，南宋以降一直沿用下来，这就是此纸名的来由。

元书纸的特点是：纸质较薄，透光帘纹清晰可见。纸面呈浅蛋黄色，不施胶，吸水性佳。着墨后渗化较慢，浸水后会部分散开。元书纸的品种分为两档，高级和普通两种，即六千元书和五千元书（纸）。前者品质稍高于后者。据《富阳县志》中载：“富阳各纸以大源之元书纸为上佳品。”元书纸一般是用作绘画练习用纸或书法纸，虽然其纸的结构比毛边纸疏松，纸面不及宣纸平整，但更重要的是它的价格低廉，受到欢迎。此外，元书纸也可用于外交联络公文（信函）书写，制作小学生的书法红格本等。现在浙江的富阳、萧山、余杭、新登等地亦有生产。

例三，观音帘纸——元代纸名。明屠隆（1542—1605）《纸墨笔砚》中称：“徽州所产纸品，有团花笺、藤白纸、观音帘纸等” 这种纸短小而厚实，它是利用一种特别的竹帘捞成的。该帘采用观音竹（又叫荷花竹），其叶长、杆细、节距大，分疏成竹丝，再编织成帘。其原料为竹子，产地为徽州歙县，用途为抄写经文、民间契约、商务借字等。还有一种叫观音纸的，名称相近，有两种意见，一种是宋代纸名，另一种是元代纸名。它是祭祀拜神等活动时使用的薄匀之纸，由江西西山官府局生产。原料多为竹子，有时也掺有麻类或稻草，品质一般，后来被别的纸所取代。它的后续品种叫观音帘匹纸，系明代纸名。据清·阮葵生（1727—1789）《茶余客话》卷十七称：“明时大内白笺、磁青纸、皮纸、新安玉笺、谭笺、观音帘匹纸，皆可珍也。”此纸虽然仍采用竹子为原料，但是加工处理与上面两种不同，不仅纸幅面大，而且强度好，通常作为观音菩萨或其他神像座下的垫纸。官局制造，内府专用。

例四，荆川纸——明代纸名。传闻产于江苏西北部某地，其具体工艺过程记载极少。其原料是竹子，产量少，价钱贵，应用也不多。在明末清初，闺门淑女常买此纸来描绣花图案。民国初年，还有部分荆川纸出售，但后来市场冷清，购买者寡。不久终归歇业，人员转行，工艺落失，难再重起。

原本是竹纸，为何命名为荆川纸呢？这与明代嘉靖年间常州籍闻名全国的抗倭英雄、文学家唐荆川有关。唐荆川（1507—1561），原名唐顺之，字应德。因爱好荆溪山川，故号荆川。武进（今江苏常州）人，明嘉靖八年（1529 年）二十三岁中进士，礼部会试第一，入翰林院任编修。后即告病归里，闭门读书、习武二十年，于学于身无所不精不勇。后人把唐荆川、王慎中、归有光三人与宋谦、王守仁、方孝孺共称为“明六大家”。他著有《荆川集》《勾股容方圆论》等述作。郑振铎（1898—1958）在《中国文学史》中说：“唐宋八大家之说盖始于唐顺之”。可见他是文学史上是一位有影响的人物。唐荆川先生不但是有名的文学家，同时他又是一位卓越的军事家，而且是有名的抗倭英雄，刀枪骑射，无不娴熟。他在抗倭战斗中屡建奇功。相传民族英雄戚继光和俞大猷等都从他学过枪法。嘉靖三十七年（1558 年）被朝廷重新起用，任右佥都御史，兵部主事及凤阳巡抚等职。自此，他亲督海师狙击倭寇，屡建奇功，后因久居海中，足腹尽肿，三年后在赴任凤阳巡抚途中，病重去世，终年 54 岁。

常州地区的家乡父老时刻牵挂这位为国为民的英雄人物，立碑建祠，早成惯例。至今，在常州就有一个古迹与自然风光巧妙配合的园林，取名为荆川公园是为纪念唐荆川先生而建的。另外，常州自唐代以降一直盛产名纸，如常州贡纸、常州碧纸等。不过那时造纸所用的原料大多数是麻类和树皮。而在明代最盛行的是竹子。于是乎，常州的造纸工匠们，大胆革新，开动脑筋，生产一种透明性好的新竹纸，并命名为荆川纸。这种纸又名薄竹纸，它是利用嫩竹制浆，经漂白后，进行高粘状打浆（碓脚次数达 4500 次以上），故成纸的透明性良好，可以用于勾描字帖或图画。所以，鲁迅（1881—1936）在《从百草园到三味书屋》一文中写道：“我是画画儿，用一种叫作‘荆川纸’的，蒙在小说的绣像上一个个描下来，像习字时候的影写一样。读的书多起来，画的画也多起来；书没有读成，画的成绩却不少了，最成片断的是《荡寇志》和《西游记》的绣像，都有一大本。后来，为要钱用，卖给一个有钱的同窗了。”由此可知，纸种的生存离不开市场的需要。一旦不被社会认可，或者被别种产品所取代，它就完成了“历史使命”走向终点。民国初以后，荆川纸逐渐地从人们的视线中淡出，乃至消失了。

例五，月光纸——清代纸名。这个纸名曾被人误解为是一种又白又亮的书写纸，完全不靠谱。经查，清朝的富察敦崇（生卒不详，满族，北京人）在他写的《燕京岁时记·月光马儿》一书中称：“京师谓神像为神马儿，不敢斥言神也。月光马者，以纸为之，上绘太阴星君，如菩萨像，下绘月宫及捣药之玉兔，人立而执杵。藻彩精致，金碧辉煌，市肆间多卖之者。长者七八尺，短者二三尺，顶有二旗，作红绿色，或黄色，向月而供之。焚香行礼，祭毕与千张、元宝等一并焚之。”该文中的“月光马者，以纸为之。”就是指一种在中秋节祭月之用的、黄色竹纸，上面绘（印）有太阴星君（按：即嫦娥）和月宫以及玉兔捣药等图形，其尺寸大小不等。纸铺经售时取名“月光纸”。中秋之夜，对着明月，摆上月饼、瓜果之类的供品，焚香行礼，再烧去月光纸。所以说，月光纸是一种祭祀用纸才是对头的。由此可知，在整理和诠释手工纸纸名的时候，应仔细斟酌，不能就字说字，顾名思义，也不要依言论言，误入歧途。

（原载于《造纸科学与技术》2016年第5期）

附录三

刘仁庆造纸著述部分一览图

［以时间由近及远为序，依书名、出版社、（出版年月）、责任编辑排列］

中国古纸谱（珍藏版）
知识产权出版社（2013.9）
责任编辑：龙文

中国古纸谱（日文版）
知识产权出版社（2013.1）
责任编辑：龙文

国宝宣纸
中国铁道出版社（2009.9）
责任编辑：张婕、魏京燕

中国古纸谱（普及版）
知识产权出版社（2009.4）
责任编辑：龙文

简明中国手工纸（书画纸）及书画常识辞典
中国轻工业出版社（2008.7）
责任编辑：林媛

造纸趣话妙读
中国轻工业出版社（2008.1）
责任编辑：林媛

中国书画纸
中国水利水电出版社（2007.10）
责任编辑：邓群、闫莉莉

造纸辞典
中国轻工业出版社（2006.1）
责任编辑：林媛

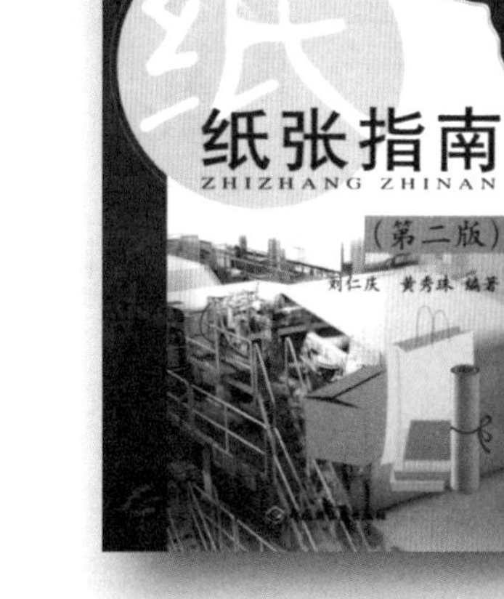

纸张指南（第二版）
中国轻工业出版社（2005.9）
责任编辑：林媛

纸张小百科
化学工业出版社（2005.7）
责任编辑：王蔚霞

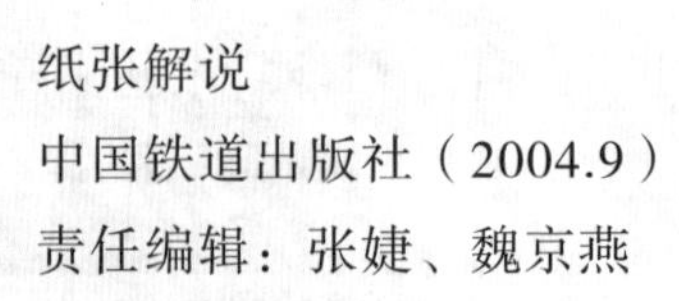
纸张解说
中国铁道出版社（2004.9）
责任编辑：张婕、魏京燕

印刷包装用纸手册
化学工业出版社（2003.4）
责任编辑：王蔚霞

纸张指南（初版）
科学普及出版社（1997.10）
责任编辑：陶翔

纸的品种与应用
轻工业出版社（1989.11）
责任编辑：焦宗禹、林嫒

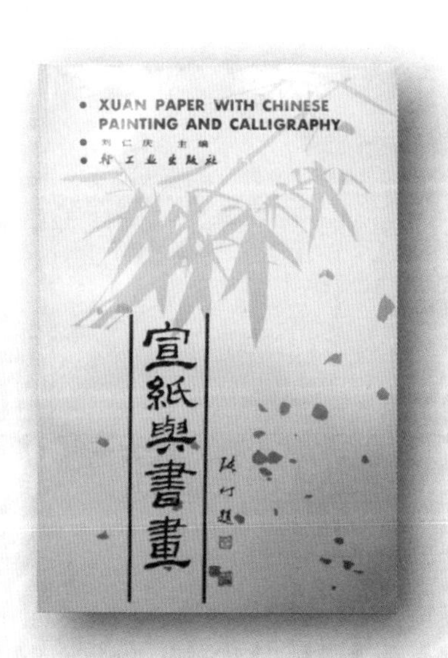

宣纸与书画
轻工业出版社（1989.4）
责任编辑：滕炎福

纸的发明发展与外传
中国青年出版社（1986.7）
责任编辑：庄似旭

纤维素化学基础
科学出版社（1985.9）
责任编辑：王玉生

特种纸化学原理及制造
轻工业出版社（1984.5）
责任编辑：滕炎福

纸的未来 轻工业出版社
（1982.10）
责任编辑：李宗良

蔡伦和纸
四川少儿出版社 (1982.4)
责任编辑：刘慧心、郑尚

造纸入门
轻工业出版社（1981.10）
责任编辑：滕炎福

中国古代造纸史话
轻工业出版社（1978.7）
责任编辑：滕炎福

造纸与纸张
科学出版社（1977.7）
责任编辑：王玉生

跋文

本书是我近年来在一些杂志和报纸上发表的15个主题的文章集合而成的（成书时略有修改）。这些小文，原本不是什么小自传、小总结或者“别的什么”云云，而是为了写着“好玩”，图个“过瘾”，防止“失忆”。总的目标是：帮助提醒自己即将消失的记忆，免得患上“老年痴呆”（医学上名称：阿尔茨海默症）。这样一来，心情有时自然会感到舒畅有趣，会心一笑，说不定能够起点“延年益寿”的作用，也未可知。因为俺扪心自问：从小到老，“混”到今天，没有经历过什么“大事件”，平民百姓，平淡经历，平常一生。同时，我一向不赞成“布衣”写啥子回忆录，但写点“杂感”则是可以的。其原则是：有感而发，秉笔直书，鸡毛蒜皮，真情实意。

本书中的小文，除了简介作者早年学习造纸专业的经历外，主要是其后大半生从事本行业的零星教训和点滴体会。希望学子们从中受到感悟。有意思的是，其中有一篇小文（即首篇：原题为“我学造纸我的梦”），曾参加北京市优秀科普作品征文活动，居然获得2013年“金色杯”第一届北京《科学成就梦想》特别奖，反映甚佳。评委们认为，此文对于任何从事“某个”(如造纸)行业的青年学子、工作人员有很好的启示和激励作用。该文又于2014年在《纸和造纸》月刊第6期上发表。不久，中国台北地区的《纸业新闻》周报又予以转载，全文刊出。这真的使我觉得有点意外和欣慰，于是继续敲击键盘……其中还有的小文，涉及读书、绘画、教学、编辑、收藏等诸多方面，虽然所写只是个人的观点和浅见，但是也稍稍有点泛评之意，可供读者参考、批评和指正。

与此同时，本人还深深地体会到：起初我跟其他许多年轻人一样，抱有一种天真幼稚的理想主义。总以为只要自己主观努力，不达目的誓不休，最后总会成功的。然而，殊不知现实中往往有很多不确定因素，暴风骤雨，急流险滩，如有人戏谑所言：“理想很丰满，现实很骨感”。带有幻想性和盲目性的奋斗目标，只会让人浪费精力和时间，最后以失败告终。一定要坚信个人的力量是有限的，不要自不量力、好高骛远。如果遇到南墙，切切不可硬拼，以识时务为俊杰，“浪子”回头是岸好了。

再者，我在学习和研究古代造纸史的过程中，开始也走过一些弯路，曾引用过一些不确切的“伪资料”，后来经过审核，发现有若干错误。于是便撰写了有关文稿，表明自己的认识和看法。这也正是我多年来，用心学习、研究后的收获。现在将它们中的三篇作为附录一，列入书内，或供借鉴，仅供参考。至于附录二，则是自己在写作过程中偶有所感而涂抹的一点随笔。其意在于供大家作为茶余饭后的谈资，消食解闷，不知意下如何？附录三，则是为了感谢诸多出版社和责编多年来为我写的书问世所付出的辛勤劳动，特此再次表示谢意！

临末，还需要说明一下，这些小文中所提及的“人和事”，都是有根据的。尤其是同辈者，相信他们可以是“见证人”。还有，在我几十年的生活和工作经历中，曾得到许多亲人、师长、朋友和学生有益帮助和鼓励，限于篇幅，难以一一陈名，谨向他们致以由衷地感谢！此外，有的小文中的某些事，还可能会引起部分人士“不太舒服”，那也没有什么好法子可想，只好实话实说，笔者在此拱手作揖、深表歉意了！

刘仁庆　2016年冬月草于北京·花园村